高职高专新课程体系规划教材·

计算机系列

After Effects

影视后期制作项目教程

王超英◎编著

U0316172

清华大学出版社

北 京

内 容 简 介

本书由 11 个项目构成，详细介绍 After Effects CS6 的重要功能和完整工作流程，项目内容涉及时尚 Show、中国风、卡通天地、生活在线、徽风皖韵、节目预告、VDE 影像社宣传等片头制作，以及爱护环境广告制作等。本书中所有项目的源文件和素材均可在网上（www.tup.com.cn）下载，方便学习使用。

本书采用"项目引领"的方式进行编写，集实用性和技巧性于一体，有利于读者对基础知识的掌握和实际操作技能的提高。本书通俗易懂、循序渐进，不仅可以作为高职高专计算机多媒体及相关专业的教材，也可以作为影视、广告、特效行业的培训教材，同时还可以供有兴趣的读者自学、查阅使用。

图书在版编目（CIP）数据

After Effects 影视后期制作项目教程/王超英编著．—北京：清华大学出版社，2014（2018.9重印）
高职高专新课程体系规划教材·计算机系列
ISBN 978-7-302-36267-8

I. ①A… II. ①王… III. ①图像处理软件-高等职业教育-教材 IV. ①TP391.41

中国版本图书馆 CIP 数据核字（2014）第 076291 号

责任编辑：朱英彪
封面设计：刘　超
版式设计：文森时代
责任校对：田宝维
责任印制：李红英

出版发行：清华大学出版社
　　　　　网　　址：http://www.tup.com.cn，http://www.wqbook.com
　　　　　地　　址：北京清华大学学研大厦 A 座　　　邮　　编：100084
　　　　　社 总 机：010-62770175　　　　　　　　邮　　购：010-62786544
　　　　　投稿与读者服务：010-62776969，c-service@tup.tsinghua.edu.cn
　　　　　质量反馈：010-62772015，zhiliang@tup.tsinghua.edu.cn
印 装 者：北京嘉实印刷有限公司
经　　销：全国新华书店
开　　本：185mm×260mm　　　印　　张：16.5　　　字　　数：395 千字
版　　次：2014 年 8 月第 1 版　　　　　　　　印　　次：2018 年 9 月第 5 次印刷
定　　价：49.80 元

产品编号：055538-02

前　言

After Effects CS6 是 Adobe 公司基于桌面操作的优秀视频制作软件,是应用最广泛的影视后期软件之一,它不仅可以制作神奇的视觉特效,还提供了很多影视编辑技术,在影视后期处理、电视节目包装、网络动画制作等诸多领域应用普遍,并以其强大的特效功能著称。

本书融合先进的教学理念,采用项目化的形式来组织教学内容。本书的创新之处在于项目引领、结果驱动,将要完成的项目结果呈现在读者面前,让读者明确每个项目要完成的实际工作任务;用项目引领知识、技能,让读者在完成项目的过程中学习相关知识,训练相关技能。通过对项目制作流程的剖析和项目基础知识的讲解,使读者全面掌握 After Effects CS6 的重要功能和完整工作流程,启发读者的想象力,并将设计理念融汇其中,使读者能够举一反三,扩展思路。

本书内容丰富,结构清晰,讲解由浅入深且循序渐进,涵盖面广且描述清晰细致,具体章节内容介绍如下。

项目 1:主要概括讲述了数字视频的基础知识和 After Effects CS6 的操作界面及非线性编辑的操作流程。

项目 2~项目 10:通过时尚 Show、中国风、卡通天地、生活在线、爱护环境、徽风皖韵、节目预告、VDE 影像社宣传等栏目的片头设计,让读者掌握图层的层操作、关键帧动画制作、高级运动控制、遮罩和抠像、形状图层和木偶工具、三维空间合成、光线跟踪渲染、文字动画、基本特效的应用、表达式的操作、运动追踪与运动稳定等典型应用。

项目 11:主要讲解了渲染基础知识以及如何渲染不同要求的影片等内容。

为方便教与学,本书中项目的源文件和素材均可在网上(www.tup.com.cn)下载。由于本书项目均基于 After Effects CS6 版本软件制作和编写,所以读者需要使用 After Effects CS6 或以上版本方可打开下载的文件。

本书在编写过程中得到了清华大学出版社的大力支持,同时也得到了许多专家及朋友的热情支持与指导,特别是东莞职业技术学院计算机工程系的老师和同学们的大力支持和帮助,在此一并表示衷心的感谢。

作为本书的编者,并身为高校教师,我们深知编书助教的责任之重,所以,我们为此书的编写竭尽全力、精益求精,但即便如此,由于水平所限,书中难免会有错漏之处,殷切希望广大读者、同仁批评指正。

编　者

2014 年 1 月

目　　录

项目 1　初识 After Effects 1
　1.1　数字视频基础知识 1
　1.2　非线性编辑操作流程 3
　1.3　使用辅助功能 4
　1.4　After Effects CS6 界面简介 8
　　1.4.1　Project（项目）窗口 8
　　1.4.2　Timeline（时间线）窗口 9
　　1.4.3　Footage（素材）窗口 13
　　1.4.4　Layer（层）窗口 14
　　1.4.5　Tools（工具）面板 14
　　1.4.6　Time Controls（时间控制）面板 15
项目 2　《时尚 Show》栏目片头制作 16
　2.1　项目描述及效果 16
　2.2　项目知识基础 17
　　2.2.1　素材的导入 17
　　2.2.2　素材的管理 20
　　2.2.3　层的管理 21
　　2.2.4　关键帧的设置 26
　　2.2.5　图层属性设置 27
　　2.2.6　层模式 32
　　2.2.7　轨道蒙版层 39
　2.3　项目实施 40
　　2.3.1　导入素材、创建合成 40
　　2.3.2　第 1 个画面 41
　　2.3.3　第 2 个画面 42
　　2.3.4　第 3 个画面 44
　　2.3.5　第 4 个画面 45
　　2.3.6　定版 Logo 45
　2.4　项目小结 46
项目 3　《中国风》栏目片头制作 47
　3.1　项目描述及效果 47

3.2 项目知识基础 48
  3.2.1 关键帧插值 48
  3.2.2 运动草图 50
  3.2.3 平滑运动和速度 50
  3.2.4 为动画增加随机性 51
  3.2.5 父子链接 52
3.3 项目实施 52
  3.3.1 导入素材、创建合成 52
  3.3.2 第 1 组分镜头 53
  3.3.3 第 2 组分镜头 55
  3.3.4 第 3 组分镜头 56
  3.3.5 合成影片 56
3.4 项目小结 60

项目 4 《卡通天地》栏目片头制作 61
4.1 项目描述及效果 61
4.2 项目知识基础 62
  4.2.1 创建遮罩 62
  4.2.2 编辑遮罩 66
  4.2.3 使用 Roto Brush 工具调整遮罩 73
4.3 项目实施 75
  4.3.1 导入素材、创建合成 75
  4.3.2 背景的合成 75
  4.3.3 条框文字的合成 77
  4.3.4 卡通图像的合成 82
4.4 项目小结 83

项目 5 《生活在线》栏目片头制作 84
5.1 项目描述及效果 84
5.2 项目知识基础 85
  5.2.1 三维动画环境 85
  5.2.2 操作 3D 对象 87
  5.2.3 灯光的应用 90
  5.2.4 摄像机的应用 96
  5.2.5 光线追踪 3D 合成 101
5.3 项目实施 103
  5.3.1 导入素材 103
  5.3.2 舞台素材准备 103
  5.3.3 正方体素材准备 106

　　　5.3.4　文字制作 ……………………………………………………………… 106
　　　5.3.5　定版画面制作 ………………………………………………………… 109
　　　5.3.6　最终合成 ……………………………………………………………… 110
　5.4　项目小结 ……………………………………………………………………… 115

项目 6　《爱护环境》公益广告制作 ………………………………………………… 116
　6.1　项目描述及效果 ……………………………………………………………… 116
　6.2　项目知识基础 ………………………………………………………………… 117
　　　6.2.1　CC Simple Wire Removal ……………………………………………… 117
　　　6.2.2　Color Difference Key ………………………………………………… 118
　　　6.2.3　Color Key ……………………………………………………………… 121
　　　6.2.4　Color Range …………………………………………………………… 121
　　　6.2.5　Difference Matte ……………………………………………………… 123
　　　6.2.6　Extract ………………………………………………………………… 125
　　　6.2.7　Inner/Outer Key ……………………………………………………… 125
　　　6.2.8　Keylight ………………………………………………………………… 128
　　　6.2.9　Linear Color Key ……………………………………………………… 130
　　　6.2.10　Luma Key ……………………………………………………………… 131
　6.3　项目实施 ……………………………………………………………………… 132
　　　6.3.1　导入素材 ……………………………………………………………… 132
　　　6.3.2　图片素材准备 ………………………………………………………… 132
　　　6.3.3　最终合成 ……………………………………………………………… 134
　6.4　项目小结 ……………………………………………………………………… 137

项目 7　《徽风皖韵》宣传片头制作 ………………………………………………… 138
　7.1　项目描述及效果 ……………………………………………………………… 138
　7.2　项目知识基础 ………………………………………………………………… 139
　　　7.2.1　路径文本 ……………………………………………………………… 139
　　　7.2.2　文字的高级动画 ……………………………………………………… 142
　　　7.2.3　三维文本动画 ………………………………………………………… 148
　　　7.2.4　文本层转换为 Mask 或 Shape ……………………………………… 150
　7.3　项目实施 ……………………………………………………………………… 150
　　　7.3.1　导入素材 ……………………………………………………………… 150
　　　7.3.2　场景一的制作 ………………………………………………………… 151
　　　7.3.3　其他场景的制作 ……………………………………………………… 155
　　　7.3.4　定版画面制作 ………………………………………………………… 156
　7.4　项目小结 ……………………………………………………………………… 157

项目 8　片花制作 ……………………………………………………………………… 158
　8.1　项目描述及效果 ……………………………………………………………… 158

8.2 项目知识基础 159

8.2.1 Puppet（木偶角色）动画工具 159

8.2.2 Shape Layer（矢量图形层）.. 165

8.3 项目实施 175

8.3.1 导入素材 175

8.3.2 卡通动画制作 175

8.3.3 文字板的制作 176

8.3.4 片花最终合成 181

8.4 项目小结 182

项目 9 《节目预告》栏目制作 183

9.1 项目描述及效果 183

9.2 项目知识基础 184

9.2.1 常用基础特效 184

9.2.2 常用基础特效实例应用 186

9.2.3 表达式控制动画 196

9.3 项目实施 199

9.3.1 导入素材、背景制作 199

9.3.2 旋转球体制作 201

9.3.3 节目板制作 204

9.3.4 最终合成 206

9.4 项目小结 209

项目 10 《VDE 影像社》宣传片头制作 210

10.1 项目描述及效果 210

10.2 项目知识基础 211

10.2.1 时间控制 211

10.2.2 运动追踪 213

10.2.3 运动追踪实例 217

10.2.4 3D Camera 追踪 223

10.2.5 变形稳定 225

10.2.6 Mocha 运动追踪 226

10.3 项目实施 229

10.3.1 导入素材 229

10.3.2 镜头一制作 229

10.3.3 镜头二制作 232

10.3.4 定版画面制作 235

10.4 项目小结 239

项目 11　渲染输出 240
　11.1　调整渲染顺序 240
　11.2　渲染工作区的设置 241
　11.3　渲染输出 241
　　11.3.1　渲染队列对话框 241
　　11.3.2　渲染设置对话框 243
　　11.3.3　输出设置对话框 245
　　11.3.4　输出不同要求的影片 247

项目 1　初识 After Effects

1.1　数字视频基础知识

1. 帧和帧速率

电影和动画是通过一连串快速的连续画面在人眼中产生视觉暂留现象，从而使人感觉画面在动。连续播放的视频中每一个静止的画面称为"帧"。也就是说，帧是视频（包含动画）内的单幅影像画面，相当于电影胶片上的每一格影像。视频中每秒播放的帧数就是帧速率。

2. 宽高比

在电视机、计算机显示器及其他相类似的显示设备中，像素是显示器或电视上的"图像成像"的最小单位。像素宽高比是指一个像素的长、宽比例，目前电视画面的宽高比通常为 4:3，高清数字电视信号 HDTV 为 16:9。而帧宽高比是指图像的一帧的宽度与高度之比，具体比例由视频所采用的视频标准所决定。

某些视频输出使用相同的帧宽高比，但使用不同的像素宽高比。例如，某些 NTSC 数字化压缩卡产生 4:3 的帧宽高比，使用方形像素（1.0 像素宽高比）及 640×480 分辨率；PAL D1/DV 采用 5:4 的帧宽高比，但使用矩形像素（1.09 像素宽高比）及 720×576 分辨率。如图 1-1（a）所示为 1:1 像素宽高比，图 1-1（b）为 0.9 像素宽高比。注意，如果在一个显示方形像素的显示器上不做处理地显示矩形像素，则会出现变形现象。

（a）　　　　　　　　　　　　　　（b）

图 1-1

3. 电视的制式

电视的制式就是电视信号的标准。目前各个国家的电视制作并不统一，全世界目前有

3 种电视制式：NTSC 制式、PAL 制式和 SECAM 制式。

（1）NTSC 制式

NTSC 制式由美国国家电视标准委员会（National Television System Committee）制定，主要应用于美国、加拿大、日本、韩国、菲律宾，以及中国台湾等国家和地区。

符合 NTSC 制式的视频播放设备至少拥有 525 行扫描线，分辨率为 720×480 电视线，工作时采用隔行扫描方式进行播放，帧速率为 29.97fps，因此每秒约播放 60 场画面。

（2）PAL 制式

PAL 制式是在 NTSC 制式基础上研制出来的一种改进方案，其目的主要是为了克服 NTSC 制式对相位失真的敏感性。PAL 制式也采用了隔行扫描的方式进行播放，共有 625 行扫描线，分辨率为 720×576 电视线，帧速度为 25fps。目前，PAL 彩色电视制式主要应用于德国、中国、中国香港、英国、意大利等国家和地区。

（3）SECAM 制式

SECAM 制式也克服了 NTSC 制式相位易失真的缺点，但在色度信号的传输与调制方式上却与前两者有着较大差别。总体来说，SECAM 制式的特点是彩色效果好、抗干扰能力强，但兼容性相对较差。

SECAM 制式同样采用了隔行扫描的方式进行播放，共有 625 行扫描线，分辨率为 720×576 电视线，帧速率则与 PAL 制式相同。目前，该制式主要应用于俄罗斯、法国、埃及、罗马尼亚等国家。

4. 场的概念

场是视频的一个扫描过程，有逐行扫描和隔行扫描。对于逐行扫描，一帧即是一个垂直扫描场；对于隔行扫描，一帧由两个隔行扫描场（奇数场和偶数场）表示。

在采用隔行扫描方式进行播放的显示设备中，每一帧画面都会被拆分开进行显示，而拆分后得到的残缺画面即称为"场"，如图 1-2 所示。也就是说，视频画面播放为 30fps 的显示设备，实质上每秒需要播放 60 场画面；而对于 25fps 的显示设备来说，每秒需要播放 50 场画面。

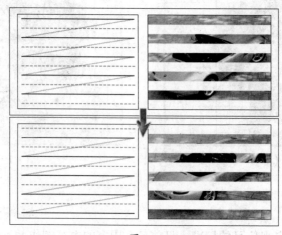

图 1-2

后期制作的过程是在计算机上进行的，而结果是在电视或专业的监视器上播放，计算机的显示器是逐行扫描的，而电视和监视器是隔行扫描的。在后期制作过程中如果将隔行扫描的视频当成逐行扫描的视频来处理，每一帧都会丢失一半的图像信息，从而造成画面的质量下降。所有的 NTSC 制式、PAL 制式和 SECAM 制式的视频信号都是以场为基础的，而不是以帧为基础，这意味着每一帧都是由两个交错的场组成的。一个场含有奇数行扫描线，另一个场含有偶数行扫描线。含有第一行扫描线的场叫上场，组成一帧的另一场称为下场。在回放或输出时要正确设置场，如果设置不正确，将导致画面中运动元素的边缘出现锯齿并闪动。

5. 视频时间码

一个视频片段的持续时间和它的开始帧和结束帧通常用时间单位和地址来计算，这些时间和地址被称为时间码。"动画和电视工程师协会"采用的时间码标准为 SMTPE，其格式为：小时:分钟:秒:帧，如一个 PAL 制式的素材片段表示为 00:02:20:15，表示持续 2 分钟 20 秒 15 帧，换算成帧单位就是 3515 帧。如果播放的帧速率为 30 帧/秒，那么这段素材可以播放约 1 分钟 57 秒。

1.2 非线性编辑操作流程

一般非线性编辑的操作流程可以分为导入、编辑处理和输出影片三大部分。由于非线性编辑软件的不同，又可以细分为更多的操作步骤。以 After Effects CS6 为例，可以分为 5 个步骤。

1. 总体规划和准备

在制作视频作品前，首先要清楚自己的创作意图和表达的主题，应该制作一个分镜头稿本，即一个简单的创意文案，由此确定作品的风格。主要包括素材的取舍、各个片段持续时间、片段之间的连接顺序和转换效果，以及片段需要的视频特效、抠像处理、运动设置等。

确定了创作意图和表达的主题后就需要准备各种素材，包括静态图片、动态视频、序列素材、音频文件等，并可以利用相关软件对素材进行处理，以达到需要的效果。

2. 创建项目并导入素材

前期准备工作完成后即可以制作影片了。首先根据需要设置影片的参数，如编辑模式是使用 PAL 制式还是 NTSC 制式的 DV、VCD 或 DVD；设置影片的帧速率和视频画面的大小等参数，创建一个新项目。新项目创建完成后，根据需要可以创建不同的文件夹，并分类导入不同的素材，如静态素材、动态视频、序列素材、音频素材等。

3. 影片的合成

完成项目创建并导入素材后，就可以开始制作。根据分镜头稿本将素材添加到时间线进行剪辑，进行相关的特效处理，如视频特效、运动特效、抠像特效、视频转场特效等，制作完美的视频作品，然后添加字幕效果和音频文件，完成整个影片的制作。

4. 保存和预演

保存影片是将影片的源文件保存起来，默认的保存格式为.aep 格式，便于以后对其中的内容进行修改。保存影片源文件后，可以对影片的效果进行预演，以此检查影片的各种实际效果是否达到设计的目的，以免在输出成最终影片时出现错误。

5. 影片的输出

预演只是查看效果，并不生成最后的输出文件，要制作出最终的影片效果，就需要将影片输出成一个可以单独播放的最终作品，或者转录到录像带、DV 机上。After Effects CS6 可以生成的影片格式有很多种，如静态素材 BMP、GIF、TIF、TGA 等格式的文件，也可以输出 Animated GIF、AVI、QuickTime 等视频格式文件，还可以输出像 Windows Waveform 音频格式的文件。常用的是 AVI 文件，它可以在很多种多媒体软件中播放。

1.3 使用辅助功能

在进行素材的编辑时，Composition（合成）窗口下方有一排功能菜单和按钮，如图 1-3 所示，它们的许多作用与 View（视图）菜单中的命令相同，主要用于辅助编辑素材，包括设置显示比例、安全框、网格、参考线、标尺、快照、通道和区域预览等。

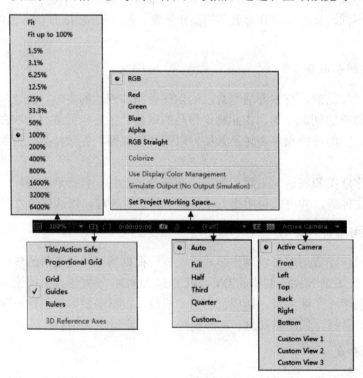

图 1-3

1. 应用缩放功能

在素材编辑过程中，为了能更好地查看影片的整体效果或细微之处，往往需要对素材做放大或缩小处理，这时需要应用缩放功能。缩放素材可以使用以下 3 种方法。

- 单击 Tools（工具）栏中的 🔍 按钮，或按 Z 键，选择该工具后在 Composition（合成）窗口中的素材上单击，即可放大显示区域；如果按住 Alt 键单击，可以缩小显示区域。
- 单击 Composition（合成）窗口下方的 100% ▼ 按钮，在弹出的下拉菜单中选择合适的缩放比例，即可按所选比例对素材进行缩放操作。
- 按 "<" 或 ">" 键缩小或放大显示区域。

如果想让素材快速返回到原来尺寸 100% 的状态，可以直接双击 🔍 按钮。

2. 安全框

如果制作的影片要在电视上播放，由于显像管不同，造成显示范围也不同，这时要注意视频图像及字幕的位置。因为在不同的电视机上播放时会出现少许的边缘丢失，为了防止重要信息的丢失，可以启用安全框，通过安全框来设置素材。

单击 Composition（合成）窗口下方的 回 按钮，从弹出的下拉菜单中选择 Tile（字幕）| Action Safe（运动安全框）命令，即可显示安全框，如图 1-4 所示。通常，重要的图像要保持在 Action Safe（运动安全框）内，而动态的字幕及标题文字应该保持在 Title Safe（字幕安全框）以内。

按住 Alt 键，然后单击 回 按钮，可以快速启动或关闭安全框的显示。

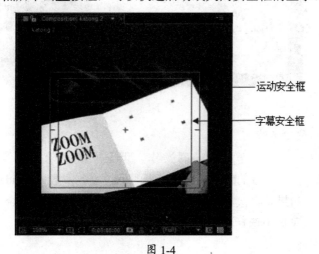

图 1-4

3. 网格的使用

在素材编辑过程中，需要精确地进行素材定位和对齐，这时就可以借助网格来完成。

（1）启用网格

单击 Composition（合成）窗口下方的 回 按钮，在弹出的下拉菜单中选择 Grid（网格）

命令，或者按 Ctrl+' 快捷键，可以显示或关闭网格。

（2）修改网格设置

为了方便网格与素材的大小匹配，可以对网格的大小及颜色进行设置，选择菜单栏中的 Edit（编辑）| Preferences（参数设置）| Grid & Guides（网格和参考线）命令，在 Grid（网格）选项组对网格的间距与颜色进行设置。

4. 参考线的使用

参考线主要用于精确素材的定位和对齐，相对网格来说，它的操作更加灵活，设置更加随意。

（1）创建参考线

单击 Composition（合成）窗口下方的 🔲 按钮，在弹出的下拉菜单中选择 Rulers（标尺）命令，将标尺显示出来，然后用鼠标移动水平标尺或垂直标尺的位置，当鼠标指针变成双箭头时，向下或向右拖动鼠标，即可拉出垂直或水平参考线，重复拖动可以拉出多条参考线。在拖动参考线的同时，在 Info（信息）面板中将显示出参考线的精确位置，如图 1-5 所示。

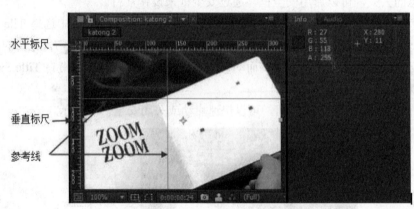

图 1-5

（2）显示与隐藏参考线

在编辑过程中，有时参考线会妨碍操作，但又不想删除参考线，此时可以单击 Composition（合成）窗口下方的 🔲 按钮，在弹出的下拉菜单中选择 Guides（参考线）命令，将参考线暂时隐藏。如果想再次显示参考线，再次单击 Composition（合成）窗口下方的 🔲 按钮，在弹出的下拉菜单中选择 Guides（参考线）命令即可。

（3）吸附参考线

选择菜单栏中的 View（视图）| Snap to Guides（吸附到参考线）命令，启动参考线的吸附属性，可以在拖动素材时，在一定距离内与参考线自动对齐。

（4）锁定与取消锁定参考线

如果不想在操作中改变参考线的位置，可以选择菜单栏中的 View（视图）| Lock Guides（锁定参考线）命令，将参考线锁定。如果想再次修改参考线的位置，可以选择菜单栏中

的 View（视图）| Unlock Guides（取消锁定参考线）命令，取消对参考线的锁定。

（5）清除参考线

如果不再需要参考线，可以选择菜单栏中的 View（视图）| Clear Guides（清除参考线）命令，将参考线全部删除；如果只想删除其中的一条或多条参考线，可以将鼠标指针移动到该条参考线上，当鼠标指针变成双箭头时，按住鼠标左键不放将其拖出窗口范围。

（6）修改参考线

选择菜单栏中的 Edit（编辑）| Preferences（参数设置）| Grid & Guides（网格和参考线）命令，在 Guides（参考线）选项组中可以设置参考线的颜色和样式。

5. 标尺的使用

选择菜单栏中的 View（视图）| Rulers（标尺）命令，或按 Ctrl+R 快捷键，或单击 Composition（合成）窗口下方的■按钮，在弹出的下拉菜单中选择 Rulers（标尺）命令，即可显示或隐藏水平和垂直标尺。

6. 快照

快照其实就是将当前窗口中的画面进行抓图预存，然后在编辑其他画面时，显示快照内容以进行对比，这样可以更全面地把握各个画面的效果。

（1）获取快照

单击 Composition（合成）窗口下方的■（获取快照）按钮，可以将当前画面以快照形式保存起来。

（2）应用快照

将时间滑块拖动到要进行比较的画面帧的位置，然后单击 Composition（合成）窗口下方的■（显示最后一个快照）按钮，将显示最后一个快照效果画面。

7. 通道

单击 Composition（合成）窗口下方的■（显示通道）按钮，将弹出一个下拉菜单，从菜单中可以选择 Red（红）、Green（绿）、Blue（蓝）和 Alpha 通道等命令，选择不同的通道选项，将显示不同的通道模式效果。选择不同的通道，观察通道颜色的比例，有助于图像色彩的处理，在抠图时更加容易掌握。

8. 分辨率解析

分辨率的大小直接影响图像的显示效果，在渲染影片时，设置的分辨率越大，影片的显示质量越好，但渲染的时间就会越长。如果在制作影片的过程中，只想查看一下影片的大概效果，而不是最终输出，就可以考虑应用低分辨率来提高渲染速度。

单击 Composition（合成）窗口下方的 (Full) ▼（分辨率解析）按钮，将弹出一个下拉菜单，从中选择不同的命令可以设置不同的分辨率效果。

9. 设置区域预览

在渲染影片时，除了使用分辨率设置来提高渲染速度外，还可以应用区域预览来快速渲染。区域预览与分辨率解析的不同之处在于：区域预览可以预览影片的局部，而分辨率则不可以。

单击 Composition（合成）窗口下方的 ▣（区域预览）按钮，然后在 Composition（合成）窗口中单击拖动绘制一个区域，释放鼠标后可以看到区域预览的效果。

10. 设置不同视图

单击 Composition（合成）窗口下方的 `Active Camera ▼`（3D 视图）按钮，将弹出一个下拉菜单，从该菜单中可以选择不同的 3D 视图，主要包括 Active Camera（活动摄像机）、Front（前）、Left（左）、Top（顶）、Back（后）、Right（右）和 Bottom（底）等。

1.4 After Effects CS6 界面简介

如图 1-6 所示，可以看到 After Effects CS6 的工作界面中存在多个工作窗口，用户可以随意控制这些窗口的关闭与开启或控制器存在形式。

图 1-6

1.4.1 Project（项目）窗口

Project（项目）窗口位于界面的左上角，主要用来组织、管理视频节目中所使用的素材，视频制作使用的素材都要首先导入到 Project（项目）窗口中。在此窗口中可以对素材进行文件夹式管理，还可以对素材进行浏览。

将不同的素材以不同的文件夹分类导入，使视频编辑时操作方便，文件夹可以展开也可以折叠，更便于项目管理，如图 1-7 所示。

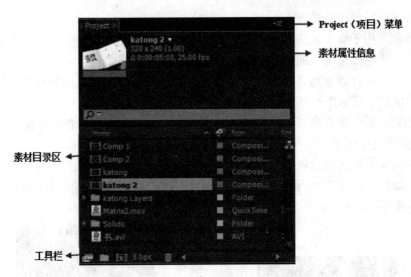

图 1-7

1.4.2　Timeline（时间线）窗口

Timeline（时间线）窗口是进行素材组织的主要区域，在时间线窗口可以调整素材层在合成图像中的时间位置、素材长度、叠加方式等。时间线窗口以时间为基准对层进行操作，包括 3 大区域：时间线区域、控制面板区域以及层区域，如图 1-8 所示。

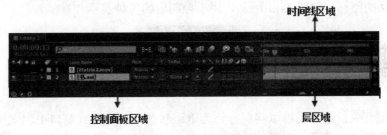

图 1-8

1．控制面板区域

通过控制面板区域，After Effects 对层进行控制。默认情况下，系统不显示全部控制面板，可以在面板上右击，在弹出的快捷菜单中选择显示或隐藏面板。

（1）当前时间

控制面板区域左上方为当前时间显示 0:00:00:13，它与合成图像窗口中的当前时间按钮是相同的。

（2）素材特征描述面板

可以在素材特征描述面板中对影片继续隐藏、锁定等操作，如图 1-9 所示。

图 1-9

　：视频，用于设置是否显示素材图像（声音素材无此选项），此开关在合成中显示或隐藏层。

🔊：音频，用于设置是否具有音频（不含音频的素材无此选项），此开关使合成在预览和渲染时，使用或忽略层的音频轨道。

⬤：独奏，选择该选项，合成图像窗口中仅显示当前层。如果同时有多个层打开独奏开关，则合成图像显示所有打开独奏开关的层。

🔒：锁定，用于设置是否锁定素材。锁定一个层，该层将不能被用户操作。

（3）层概述面板

层概述区域主要包括素材的名称和素材在时间线的层编号，以及在其中对素材属性进行编辑等，如图 1-10（a）所示。单击最左侧的小三角可展开素材层的各项属性，并对其进行设置，如图 1-10（b）所示。

（a）　　　　　　　　　　　（b）

图 1-10

（4）开关面板

单击时间线窗口左下角的 🔲 按钮，可以打开或关闭开关面板。开关面板中有 8 个具体控制合成效果的图标，如图 1-11 所示，用于控制层的各种显示和性能特征。

图 1-11

⊶：退缩开关，该开关可以将层标识为退缩状态，在时间线窗口中隐藏层，但该层仍可在合成图像窗口中显示。选择需要退缩的层，单击退缩开关，该开关变为 ⊶ 状态，单击时间线窗口顶部的 🔳（退缩启用开关）按钮后，在时间线窗口中隐藏退缩层。

☼：卷展变化/连续栅格开关，激活该开关，可以提供被嵌套的合成图像的质量，以减少渲染时间，但是在应用了部分特效和蒙版的合成图像层上将失去作用。

✦：质量开关，设置图层的画面质量。✦方式的质量最高，在显示和渲染时将采用反锯齿和子像素技术；✦方式是草图质量，不使用反锯齿和子像素技术。

𝑓𝑥：特效开关，激活这个开关时，所有的特效才能起作用；关闭这个开关，将不显示图层的特效，但是并没有删除特效。

▦：帧融合开关，结合时间线顶部的 ▦（帧融合启用开关）一起使用。当素材的帧速率低于合成项目的帧速率时，After Effects 会通过重复显示上一帧来填充缺失的帧，这时运动图像可能会出现抖动，通过帧融合技术，After Effects 的帧之间插入新帧来平滑运动；当素材的帧速率高于合成项目的帧速率时，After Effects 会跳过一些帧，这时会导致运动图像抖动，通过帧融合技术，After Effects 重组帧来平滑运动。

：运动模糊开关，结合时间线顶部的 （运动模糊启用开关）一起使用。可以利用运动模糊技术来模拟真实的运动效果。运动模糊只能对 After Effects 里所创建的运动效果起作用，对动态素材将不起作用。

：调节层开关，激活此开关的图层会变成调节层。调节层可以一次性调节当前图层下的所有图层。

：3D 图层，激活该开关，可以将一般图层转换为三维图层。

（5）开关按钮

时间线窗口上方的开关按钮与开关面板中的按钮功能基本相同。但是，这里的开关控制整个合成图像的效果。例如，打开一个层的退缩开关后，必须将开关按钮中的退缩启用开关打开才能启用退缩效果。开关按钮如图 1-12 所示。

图 1-12

：搜索工具，使用该工具可以快速定位图层、图层属性和滤镜属性。

：微型流程图开关。

：实时更新开关，如果关闭此开关，在 Composition（合成）窗口中预览动画时，窗口中的动画效果将不能进行实时更新。

：粗略三维效果开关，开启此开关，将不显示阴影和灯光效果。

：退缩启用开关，开启此开关可以让应用了退缩状态的图层暂时隐藏，但是并不影响合成的预览和渲染效果。

：帧融合启用开关，开启此开关可以让应用了帧融合的图层启用帧融合效果。

：运动模糊启用开关，开启此开关可以让应用了运动模糊的图层产生运动模糊效果。

：头脑风暴，通过该功能可以自动令被选择的动画属性产生动画变化效果。

：自动关键帧开关，开启此开关后，当属性被修改后将自动打开该属性的关键帧开关。

：曲线编辑器开关，通过这个开关可以对时间线窗口中的图层关键帧编辑环境和动画曲线编辑器进行切换。

（6）层模式面板

层模式面板主要用来控制素材层的层模式、轨道蒙版等属性，单击时间线窗口左下角的 按钮或者在列名称右击，在弹出的快捷菜单中选择 Columns（列）| Modes（模式）菜单命令，如图 1-13（a）所示，图 1-13（b）为层模式面板。

（7）父子关系面板

可以在父子关系面板中为当前层指定一个父层。当对当前层的父层进行操作时，当前层也会随之变化，图 1-14（a）所示为父子关系面板。

（8）关键帧面板

关键帧面板中提供了一个关键帧导航器。当为层设置关键帧后，系统会在关键帧面板中显示关键帧导航器。可以在其中增加、删除或搜索关键帧，图 1-14（b）所示为关键帧面板。

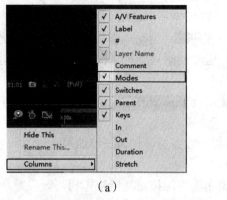

（a）　　　　　　　　　　　（b）

图 1-13

（9）选项面板

单击时间线窗口左下角的 🔳 按钮可打开选项面板。选项面板包括：入点（In）、出点（Out）、持续时间（Duration）、延时（Stretch），如图 1-14（c）所示。

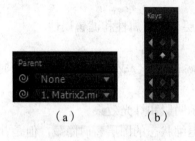

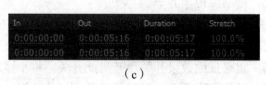

（a）　　　　　　　（b）　　　　　　　　　（c）

图 1-14

2. 时间线区域

（1）时间标尺和时间指示器

时间标尺显示时间信息，如图 1-15 所示，方框标注的即为时间指示器，时间指示器用来指示时间位置。

图 1-15

（2）导航栏

利用导航栏可以使用较小的时间单位进行显示，这有利于对层进行精确的时间定位，如图 1-16（a）所示红色框内的即为导航栏。按住鼠标左键拖动导航栏左右两端的黄色标记，可以改变时间标尺上的显示单位。位于时间线窗口下方的时间线缩放工具也可以用来改变时间标尺中的时间显示单位，如图 1-16（b）所示。

（a）　　　　　　　　　　　　（b）

图 1-16

（3）工作区域

工作区域指显示预览和渲染合成图像的区域，如图 1-17 所示。通过拖动左右两端的黄色工作区标记，为工作区域指定入点和出点。可以对工作区域外的素材层进行操作，但其不能被渲染。

图 1-17

3. 层区域

将素材调入合成图像中后，素材将以层的形式以时间为基准排列在层工作区域，如图 1-18 所示。

图 1-18

1.4.3　Footage（素材）窗口

Footage（素材）窗口与 Composition（合成）窗口类似，如图 1-19 所示。在 Project（项目）窗口中，双击素材即可打开素材窗口，可以通过素材窗口来预览项目窗口中的素材。在素材窗口中的时间标尺上移动时间指示器，可以检索素材。素材窗口中的时间标尺显示素材总时间，可以在其中设置素材的入点和出点，并将其加入合成中。

图 1-19

1.4.4 Layer（**层**）窗口

Layer（层）窗口与 Composition（合成）窗口也比较类似，如图 1-20 所示。在时间线窗口中选定图层并双击图层可以打开层窗口。可以通过层窗口预览层内容，设置图层的入点和出点，还可以在层窗口中执行制作遮罩、移动轴心点等操作。

图 1-20

1.4.5 Tools（**工具**）面板

After Effects 提供工具面板对合成图像中的对象进行操作，如图 1-21 所示。可以使用工具面板中提供的工具，在合成图像窗口或层窗口中对素材属性进行编辑，如移动、缩放或旋转等；同时遮罩的建立和编辑也要依靠工具面板实现。

图 1-21

：选取工具，用于在合成图像或层窗口中选取、移动对象。

：手掌工具，当窗口的显示范围放大时，可以选择手掌工具查看窗口范围以外的素材情况。

：缩放工具，用于放大或缩小视角范围的工具。选中缩放工具，按住 Alt 键，放大工具会变为缩小工具；放大或缩小合成图像显示区域后，双击缩放工具，合成图像显示区域按 100%显示。

：旋转工具，可以对素材进行旋转操作。

：环游摄像机工具，在建立摄像机后，该按钮被激活，可以使用该工具操作摄像机。

：轴心点工具，可以改变对象的轴心点位置。

▇：矩形遮罩工具，可以建立矩形遮罩，扩展选项是另外几个形状的遮罩。

▇：钢笔工具，用于为素材添加不规则遮罩。

▇：横排文本工具，用于建立文本层，按住鼠标左键，会弹出扩展项▇（垂直文本工具），用于建立垂直排列的文本。

▇：笔刷工具，用来在层窗口对层进行特效绘制。

▇：克隆图章工具，用来复制素材的像素。

▇：橡皮擦工具，用来擦除多余的像素。

▇：旋转画笔工具，能够帮助用户在正常时间片段中独立出移动的前景元素。

▇：木偶工具，用来确定木偶动画时的关节点位置。

1.4.6　Time Controls（时间控制）面板

通过时间控制面板可以对素材、层、合成图像内容进行回放，还可以在其中进行内存预演设置，时间控制面板如图 1-22 所示。

图 1-22

▇：播放控制按钮，单击此按钮可以播放当前窗口的对象，快捷键是空格键。

▇：逐帧播放按钮，对播放进行逐帧控制的按钮，每单击一次该按钮，对象就会前进一帧，快捷键是 Page Up 键。

▇：逐帧后退按钮，每单击一次此按钮，对象就会后退一帧，快捷键是 Page Down 键。

▇：播放至结束位置控制按钮，单击此按钮播放至合成的结尾处。

▇：播放至起始位置控制按钮，单击此按钮播放至合成的起始位置。

▇：音频按钮，用于控制是否播放音频。

▇：循环播放按钮，显示当前素材播放的循环状态。单击此按钮，会在▇（只播放一遍）、▇（往返播放）和▇（循环播放）的状态中切换。

▇：内存实时预演，单击此按钮，After Effects 会将工作区域内的合成载入内存进行实时预演，预演长度与内存大小有关，快捷键是数字键盘上的 0 键。

项目2 《时尚Show》栏目片头制作

2.1 项目描述及效果

1. 项目描述

《时尚 Show》栏目主要是介绍时尚女性关注的时尚发型、时尚人物、时尚生活、潮流品牌、潮流服饰等时尚潮流的栏目。本项目主要通过时尚模特来展示栏目的主题，画面的过渡采用不同透明度的蓝色箭头实现，整个画面时尚中透露着清新和淡雅。为了加强画面的可读性，增加了简单的主题文字，并在文字左侧放置了和过渡形状一致的箭头，使之风格统一，且醒目的颜色使文字更为突出。

2. 项目效果

本项目效果如图2-1所示。

图2-1

2.2 项目知识基础

2.2.1 素材的导入

1. 基本素材的导入

使用菜单命令 File（文件）| Import（导入）| File（文件），会弹出 Import（导入）对话框，在其中可以导入单个素材。使用菜单命令 File（文件）| Import（导入）| Multiple File（多个文件），会弹出 Import Multiple Files（导入多个文件）对话框，在其中选择需要的单个或多个素材，单击如图 2-2 所示的 `打开(O)` 按钮，即可以导入单个或多个素材，导入后还可以继续导入其他素材，最后单击 Done（完成）按钮，才能结束导入操作。

图 2-2

2. PSD 文件的导入

导入 PSD 素材的方法与导入普通素材的方法相同。如果该 PSD 文件包含多个图层，会弹出解释 PSD 素材的对话框。在 Import Kind（导入类型）参数下有 3 种导入方式：Footage（素材）、Composition（合成）和 Composition-Retain Layer Sizes（合成-保持图层大小），如图 2-3（a）所示。

（1）Footage（素材）

以素材方式导入 PSD 文件，可以设置合并 PSD 文件或选择导入 PSD 文件中的某一层，如图 2-3（b）所示。

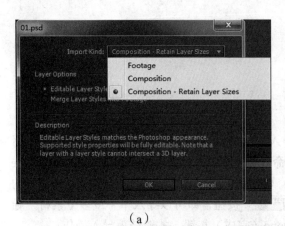 

（a） （b）

图 2-3

- Merged Layers（合并图层）：选中该选项，可将 PSD 文件中所有的图层进行合并，作为一个素材导入。
- Choose Layer（选择图层）：选中该选项，可将 PSD 文件中指定的图层导入，每次仅可以导入一个图层。
- Merge Layer Styles into Footage（合并图层样式至素材）：将 PSD 文件中选择图层的图层样式应用到层，在 After Effects 中不可以进行更改。
- Ignore Layer Styles（忽略图层样式）：忽略选择图层的图层样式。
- Footage Dimensions（素材尺寸）：可以选择 Document Size（文档大小），即 PSD 中的图层大小与文档大小相同，或 Layer Size（图层大小），即 PSD 文件中每个层都以本层所有像素的边缘作为导入素材的大小。

（2）Composition（合成）

将分层 PSD 文件作为合成导入到 After Effects 中，合成中的图层顺序与 PSD 文件在 Photoshop 中的相同，如图 2-4 所示。

图 2-4

- Editable Layer Styles（可编辑图层样式）：Photoshop 中的图层样式在 After Effects 中可以直接进行编辑，即保留图层样式的原始属性。

- Merge Layer Styles into Footage（合并图层样式至素材）：将图层样式应用到层，即不能在 After Effects 中编辑，但可以加快层的渲染速度。

（3）Composition-Retain Layer Sizes（合成-保持图层大小）

与 Composition（合成）方式基本相同，只是使用 Composition（合成）方式导入时，PSD 中所有的图层大小与文档大小相同，而使用 Composition-Retain Layer Sizes（合成-保持图层大小）方式导入时，每个层都以本层所有像素区域的边缘作为导入素材的大小。无论使用哪一种方式，都会在 Project（项目）窗口面板中出现一个以 PSD 文件名称命名的合成和一个同名文件夹，展开该文件夹可以看到 PSD 文件的所有层，如图 2-5 所示。

图 2-5

3. 序列素材的导入

在 Import Multiple Files（导入文件）对话框中选中 Targa Sequence（序列）复选框，就可以以序列方式导入素材。如果只需要导入序列文件中的一部分，可以在选中 Targa Sequence（序列）复选框后，选择需要导入的部分素材，然后单击"打开"按钮，如图 2-6 所示。

图 2-6

4. Premiere Pro 项目的导入

在 After Effects 中可以直接导入 Premiere Pro 的项目文件，导入的文件会在项目面板中以合成的方式显示。Premiere Pro 中所有的剪辑素材会作为层显示在 After Effects 的时间线面板上。

使用菜单命令 File（文件）| Import（导入）| File（文件）或 File（文件）| Import（导入）| Adobe Premiere Pro Project（Adobe Premiere Pro 项目）来导入一个 Premiere Pro 项目。

2.2.2 素材的管理

1. 组织素材

Project（项目）窗口提供了素材组织功能，单击 Project（项目）窗口底部的▨（新建文件夹）按钮，可以建立一个文件夹，用户可通过拖曳的方式将素材放入文件夹，或将一个文件夹放入另一个文件夹中，从而使编辑工作更加有条理。

2. 替换素材

（1）重新载入素材

在编辑过程中有时需要替换正在编辑的素材，但即使将该素材所对应的硬盘文件替换为新文件，如果不重新启动 After Effects，也不能在合成面板中实时看到修改效果。要避免重新启动软件，可以使用重新载入功能。

选择需要重新载入的素材，使用菜单命令 File（文件）| Reload Footage（重新载入素材），可以对素材进行重新载入处理。如果素材发生变化，则替换为新素材。

（2）替换素材

如果希望对某个素材进行更改，除了可直接修改链接的硬盘文件外，也可以将素材指定为另一个硬盘文件。选择需要替换的素材，使用菜单命令 File（文件）| Replace Footage（替换素材）可以对当前素材进行重新指定。

3. 解释素材

由于视频素材有很多种规格参数，如帧速率、场、像素比等。如果设置不当，在播放预览时会出现问题，这时需要对这些视频参数进行重新解释处理。

单击 Project（项目）窗口中的素材，可以显示素材的基本信息，如图 2-7（a）所示，用户可以根据这些信息判断素材是否被正确解释。

使用菜单命令 File（文件）| Interpret Footage（解释素材）| Main 可打开"解释素材"对话框，对素材进行重新解释，如图 2-7（b）所示。

- Alpha：如果素材带有 Alpha 通道，则该选项被激活。其中 Ignore（忽略）选项表示忽略 Alpha 通道的透明信息，透明部分以黑色填充代替；或将 Alpha 通道解释为 Straight 型或 Premultiplied 型；或单击 Guess（猜测）按钮，让软件自动猜测素材所带的通道类型。
- Frame Rate（帧速率）：仅在素材为序列图像时被激活，用于指定该序列图像的帧速率，如果该参数解释错误，则素材播放速度会发生改变。

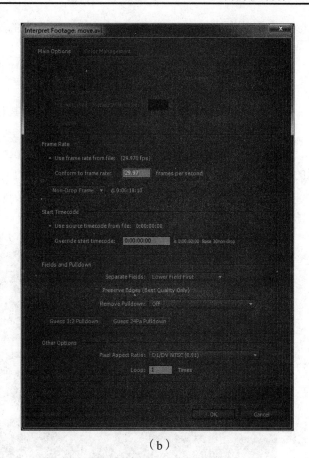

（a）　　　　　　　　　　　　　（b）

图 2-7

- Start Timecode（开始时码）：设置开始时间的时间码。
- Fields and Pulldown（场与丢帧）：其中 Separate Field（解释场）可以选择 Off（无场），即逐行扫描素材，或 Upper Field First（上场优先）、Lower Field First（下场优先）。Preserve Edges（保持边缘）选项仅在设置素材隔行扫描时才有效，可以保持边缘像素整齐，以得到更好的渲染效果。
- Other Options（其他设置）：Pixel Aspect Ratio（像素比设置）选项可以指定组成视频的每一帧图像的像素的宽高之比；Loop（循环）选项可以指定视频循环次数。
- More Options（更多设置）：仅在素材为 Camera Raw 格式时被激活，单击该按钮可以重新对 Camera Raw 信息进行设置。

2.2.3 层的管理

1. 层的产生

（1）利用素材产生层

可以将项目窗口中导入的素材加入合成图像来组成合成图像的素材层。这是 After

Effects 中最基本的工作方式。素材成为合成图像中的层后，可以对其进行编辑合成。

利用素材产生层有如下两种方法。

● 在 Project（项目）窗口中选中要编辑加工的素材，按住鼠标左键将素材拖入 Timeline（时间线）窗口内生成层。

● 如果需要导入的素材为视频素材，可以为其设置入点和出点，以决定使用素材的哪一段作为合成图像中的层。

在 Project（项目）窗口中双击素材，将其在 Footage 窗口中打开。拖动时间指示器至新的起始或结束位置，单击 ⦃（入点）按钮或 ⦄（出点）按钮；也可以将鼠标指针放置在 Footage 窗口的起始端或结束端，当鼠标指针变成双向箭头时拖动来改变起始或结束位置，如图 2-8 所示。

图 2-8

入点和出点设置完毕后，单击 ▣（插入）按钮或 ▣（叠加）按钮将素材加入合成图像中。如果合成图像中没有任何层，这两个按钮的加入结果没有区别。如果合成图像中已经包含若干个层，则两个按钮会产生不同的加入结果。

插入前时间线如图 2-9 所示，使用 ▣（插入）按钮向合成图像加入素材时，凡是处于时间指示器之后的素材都会向后推移。如果时间指示器位于目标轨道中的素材之上，插入的新层会把原层分成两段直接插在其中，原层的后半部分将会向后推移接在新层之后，如图 2-10 所示。

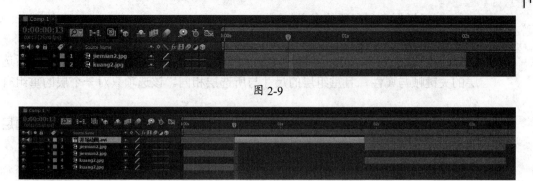

图 2-9

图 2-10

使用 ▼ （叠加）按钮加入素材，加入的新层会在时间指示器处使合成图像覆盖重叠的层，如图 2-11 所示。

图 2-11

（2）利用合成图像产生层

After Effects 允许在一个项目中建立多个合成图像，并且允许将合成图像作为一个层加入另一个合成图像，这种方式叫做嵌套。

当将合成图像 A 作为层加入另一个合成图像 B 中后，对合成图像 A 所做的一切操作将会影响到合成图像 B 中由合成图像 A 产生的层。而在合成图像 B 中对由合成图像 A 产生的层所进行的操作，则不会影响合成图像 A。

（3）重组层

After Effects 也可以在一个合成图像中对选定的层进行嵌套，这种方式称为 Pre-compose（重组）。重组时，所选择的层合并为一个新的合成图像，这个新的合成图像代替了所选的层。

选择要进行重组的一个或若干个图层，选择 Layer（图层）| Pre-compose（重组）菜单命令，弹出 Pre-compose（重组）对话框，如图 2-12 所示。

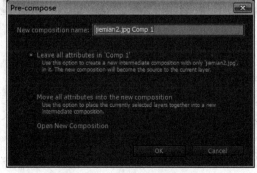

图 2-12

Pre-compose 对话框中各参数的含义如下。

- New composition name 文本框：在此文本框中可以给新合成命名。
- Leave all attributes in 'Comp1'单选按钮：选中此单选按钮，将在重组层中保留所选层的关键帧与属性，且重组层的尺寸与所选层相同。该选项只对一个层的重组有效。
- Move all attributes into the new composition 单选按钮：选中此单选按钮，将所选层的关键帧与属性应用到重组层，重组层与原合成图像尺寸相同。
- Open New Composition 复选框：选中此复选框，系统将打开一个新的合成图像，建立重组层。

（4）建立固态层

建立固态层通常是为了在合成图像中加入背景、利用遮罩和层属性建立简单的图形等。固态层建立后，可对其进行一切用于普通层的操作。

固态层的建立方法如下：在 Timeline（时间线）窗口或合成窗口的空白区域右击，在弹出的快捷菜单中选择 New（新建）| Solid（固态层）命令，弹出 Solid Settings（固态设置）对话框，如图 2-13 所示。可以对已经建立的固态层随时进行修改，在 Timeline（时间线）窗口或合成窗口中选择要进行修改的固态层，选择 Layer（图层）| Solid Settings（固态设置）菜单命令，在弹出的对话框中进行设置。

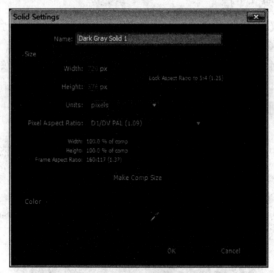

图 2-13

（5）建立调节层

在 After Effects 中对层应用特效，该层会产生一个特效控制。可以建立一个调节层，为其下方的层应用特效，而不在层中产生特效。效果将依靠调节层来控制调节，调节层仅用来为层应用效果，它不在合成图像窗口中显示，此方法在对多个层应用相同特效时尤其有用。

调节层的建立方法如下：在 Timeline（时间线）窗口或合成窗口的空白区域右击，在

弹出的快捷菜单中选择 New（新建）| Adjustment Layer（调节图层）命令。可以通过打开或关闭时间线窗口开关面板上的调节层开关 ，将调节层转化为固态层，或将普通层转化为调节层。

2. 层的编辑

（1）设置层的持续时间

在 Timeline（时间线）窗口中双击图层，打开层窗口，在层窗口中可以对层的持续时间进行修改，设置新的开始和结束时间。还可以通过速度变化修改层的持续时间。选中要编辑的层，选择 Layer（图层）| Time（时间）| Time Stretch（时间伸缩）命令，弹出 Time Stretch 对话框，如图 2-14 所示。

图 2-14

可以在 New Duration（新持续时间）文本框中输入新的持续时间，或在 Stretch Factor（延伸数值）文本框中输入新的持续时间百分比。在 Hold in Place 选项区中选择持续时间的插入方式如下。

- Layer In-point：以层的入点为基准，即入点不变，通过改变层的出点位置来改变层的持续时间。
- Current Frame：以当前时间指示器位置为基准，改变持续时间。
- Layer Out-point：以层的出点位置为基准，即出点不变，通过改变层的入点位置来改变层的持续时间。

（2）复制和分裂层

复制层：选中要进行复制的层，选择 Edit（编辑）| Duplicate（复制）菜单命令或按 Ctrl+D 快捷键。当复制了一个层后，复制层自动添加到源层的上方，并处于选中状态，复制层将会保留源层的一切信息，包括属性、效果、入点及出点等。

分裂层：选中要分裂的层，将时间指示器移动到要分裂的位置，选择 Edit（编辑）| Split Layer（分裂层）菜单命令。分裂后，原来的层将在时间指示器位置被分为两层。

（3）替换层

在 Timeline（时间线）窗口中选择需要替换的图层，按住 Alt 键，使用鼠标左键从 Project（项目）窗口中拖动替换素材，拖动至时间线窗口需要替换的图层上释放，即可替换掉原图层。

（4）对层进行自动排序

自动排序功能可以以所选层的第一层为基准，自动对所选的层进行衔接排序。在 Timeline（时间线）窗口选择需要自动排序的多个图层，选择 Animation（动画）| Keyframe Assistant（关键帧帮助）| Sequence Layers（排序图层）命令，弹出 Sequence Layers（排序图层）对话框，如图 2-15 所示。

图 2-15

- Overlap（重叠）复选框：取消选中该复选框，层与层之间硬切排序；选中该复选框，层与层之间软切排序。
- Duration（持续时间）文本框：可以在此文本框中输入层与层之间的重叠时间。
- Transition（转场）下拉列表框：此下拉列表框可以选择叠化渐变的不透明层，系统将在层与层之间产生淡入淡出效果。

2.2.4 关键帧的设置

1. 认识关键帧

After Effects 中的动画方式是关键帧动画，即关键帧生成后动画不需要人为完成，计算机会自动生成中间帧。

（1）记录关键帧

After Effects 在通常状态下可以对层或者其他对象的变换、遮罩、效果等进行设置。这时，系统对层的设置是应用于整个持续时间的。如果需要对层设置动画，则需要打开 ⚙ （关键帧记录器），记录关键帧设置，如图 2-16 所示。

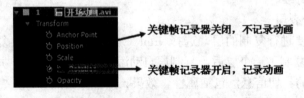

图 2-16

打开对象某属性的关键帧记录器后，系统对该层打开关键帧记录器的属性进行的一切操作，都将被记录为关键帧。如果关闭属性的关键帧记录器，则系统将删除该属性的一切关键帧。

（2）关键帧导航器

关键帧导航器可以为层中设置了关键帧的属性进行关键帧导航。默认状态下，当为对象设置关键帧后，关键帧导航器将显示在素材特征解释面板中，如图 2-17 所示。

图 2-17

为对象的某一属性设置关键帧后，在其素材特征描述面板中会出现关键帧导航器。单击导航器中的箭头，可以快速搜寻该属性上的关键帧。某一方向上箭头无法单击时，表示该方向上已没有关键帧。当前位置有关键帧时，导航器上中间的方块会显示亮黄色，单击，可以删除当前关键帧。当时间线处于该属性上无关键帧的位置，单击导航器中间的方块，可以在当前位置创建一个关键帧。

2. 选择关键帧

选择单个关键帧：在时间线窗口中，单击要选择的关键帧。

选择多个关键帧：① 在时间线窗口、合成窗口与层窗口中，按住 Shift 键并单击要选择的关键帧；② 在时间线窗口中，用鼠标拖出一个选择框，选取要选择的关键帧；③ 在层属性面板中，单击层属性，可以选择该属性在层上的所有关键帧。

3. 编辑关键帧

改变关键帧属性：选中要编辑的层，在属性编辑栏中单击，数值框变为可编辑状态，在数值框输入新的数据；或双击关键帧，在弹出的属性设置对话框中进行修改。

移动单个关键帧：选中要移动的关键帧，按住鼠标左键，将其拖至目标位置。

移动多个关键帧：选中要移动的多个关键帧，按住鼠标左键，将其拖至目标位置。移动多个关键帧时，所移动的关键帧保持其相对位置不变。

复制关键帧：选中要复制的关键帧，选择 Edit（编辑） | Copy（复制）命令，然后将时间指示器移动到目标位置，选择 Edit（编辑） | Paster（粘贴）命令，目标位置显示复制出的关键帧。可以在同一层或不同层的相同属性上进行关键帧复制，也可以在使用同类数据的不同属性间进行关键帧复制。

删除关键帧：选中要删除的关键帧，按 Delete 键即可删除。

2.2.5 图层属性设置

1. Anchor Point（轴心点）设置

After Effects 以轴心点作为基准进行相关属性的设置。轴心点是对象旋转或缩放等属性设置的坐标中心，默认状态下轴心点在对象的中心，可以对轴心点进行动画设置。轴心点的位置不同，对象的运动状态也会发生变化。当轴心点在对象中心时，为其应用旋转，对象沿轴心点自转；当轴心点不在对象上时，对象绕着轴心点公转，如图 2-18 所示。After Effects CS6 中可以通过数字方式和轴心点工具改变对象的轴心点。

图 2-18

（1）以数字方式改变对象的轴心点

选择要改变轴心点的层，按快捷键 A 展开 Anchor Point（轴心点）属性。在 Anchor Point 属性面板上右击，在弹出的快捷菜单中选择 Edit Value（编辑值）命令，弹出 Anchor Point 对话框，在 Units（单位）下拉列表框中选择计量单位，在 X 和 Y 文本框中输入新的数值，单击 OK 按钮完成操作（此时的变换是一个相对的变化，所以在变更 Anchor Point 选项数值的同时图片会发生相对移动）。也可以直接在 Anchor Point 右侧的参数栏中输入具体数值，如图 2-19 所示。

图 2-19

（2）使用轴心点工具改变对象的轴心点

在 Tools（工具）面板中选择轴心点工具 ，选择要改变轴心点的对象，在 Composition（合成）窗口中拖动轴心点至新的位置即可。使用轴心点工具改变对象的轴心点时，对象在合成窗口中的位置保持不变。

2. Position（位置）设置

After Effects 可以通过关键帧为对象的位置设置动画。为对象的位置设置动画后，在合成窗口中会以运动路径的形式表示对象的运动路径，如图 2-20 所示。

（1）以数字方式改变层的位置

选择要改变位置的层，按快捷键 P 展开 Position（位置）属性，在属性右侧的参数栏中单击并输入具体数值，或按住左键左右拖动更改数据；也可以在属性上右击，在弹出的快捷菜单中选择 Edit Value（编辑值）命令，在 Position 属性对话框中修改参数。

图 2-20

（2）通过运动路径上的关键帧改变层的位置

在 Composition（合成）窗口或 Timeline（时间线）窗口中选择要修改的层，在 Composition 窗口中显示该层的运动路径，选中路径上要修改的关键帧，使用移动工具将选中的关键帧移动至目标位置。也可以通过路径工具改变运动路径的形状，如图 2-21 所示。

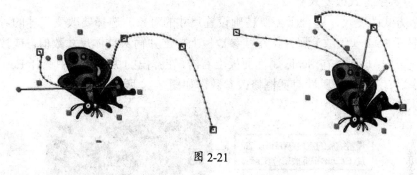

图 2-21

（3）使用自动定向

After Effects CS6 可以在沿路径运动过程中，使用 Auto-Orientation（自动定向）使层的运动垂直于路径而不是垂直于页面，这对于具有方向性的移动非常有用。如图 2-22 所示为未使用自动定向和使用自动定向的差别。

图 2-22

选择要使用自动定向命令的层，选择 Layer（图层）｜Transform（变换）｜Auto-Orient

（自动定向）命令，在弹出的对话框中选择 Orient Along Path（沿路径定向），单击 OK 按钮，如图 2-23 所示。

图 2-23

3. Scale（缩放）设置

After Effects CS6 可以以轴心点为基准，对对象进行缩放，改变对象的比例尺寸。可以通过输入数值和拖动对象边框上的句柄来改变对象的尺寸。

（1）以数字方式改变尺寸

以数字方式改变尺寸适合于需要精确设置尺寸的对象。选择要改变尺寸的对象，按快捷键 S 键展开 Scale（缩放）属性，在其参数栏上单击并输入具体尺寸数值，或按住左键左右拖动更改数据；也可以在 Scale 属性面板上右击，在弹出的快捷菜单中选择 Edit Value（编辑值）命令，打开 Scale 属性对话框修改参数，如图 2-24 所示。

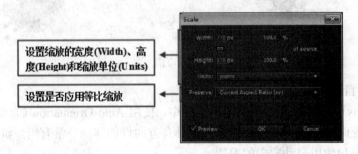

设置缩放的宽度(Width)、高度(Height)和缩放单位(Units)

设置是否应用等比缩放

图 2-24

（2）以手动方式改变尺寸

在 Composition（合成）窗口中选择要进行缩放的对象，拖动对象边框上的句柄，改变对象的尺寸。

- 按住 Shift 键拖动对象边框的句柄，可以按比例缩放对象。
- 按住 Alt 键的同时按数字键盘的"+"或"-"键，以百分之一的比例对对象进行放大或缩小。
- 按住 Alt+Shift 快捷键的同时按数字键盘的"+"或"-"键，以百分之十的比例对对象进行放大或缩小。
- 以数字形式改变尺寸时，输入负值能翻转图层。

4. Rotation（旋转）设置

After Effects CS6 可以以轴心点为基准，对对象进行旋转设置。对象可以进行任意角度的旋转，当旋转角度超过 360°时，系统以旋转一圈标记已旋转的角度。例如，旋转 780°为 2 圈 60°，反向旋转表示负的角度。

（1）以数字方式旋转

在 Timeline 窗口中选择要进行旋转的对象，按快捷键 R 键展开 Rotation（旋转）属性，在其参数栏上单击并输入具体数值，或按住左键左右拖动更改数据；也可以在 Rotation 属性面板上右击，在弹出的快捷菜单中选择 Edit Value（编辑值）命令，在 Rotation 属性对话框中修改参数，如图 2-25 所示。

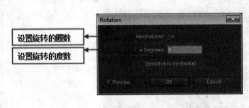

图 2-25

（2）以手动方式旋转

选择要进行旋转的对象，在工具面板中选择旋转工具，拖动对象边框上的句柄进行旋转。

● 按住 Shift 键拖动鼠标，旋转角度每次增加 45°。
● 按住 Alt 键和数字键盘的"+"或"-"键，以百分之一的比例对对象进行放大或缩小。
● 按住 Alt+Shift 键的同时按数字键盘的"+"或"-"键，以百分之十的比例对对象进行放大或缩小。

5. Opacity（不透明度）设置

通过设置图像的不透明度，可以为对象设置透出底层图像的效果。当对象的不透明度设置为 100%时，对象完全不透明，遮住其下方的图像；当对象的不透明度设置为 0%时，对象完全透明，将完全显示其下层的图像；当对象的不透明度设置为 0%~100%时，数值越小，对象透明度越高，其下层的图像显示越清晰。

在 Timeline 窗口选择要设置不透明度的对象，按快捷键 T 键展开其 Opacity 属性。在其参数栏上单击并输入具体数值，或按住左键左右拖动更改数据；也可以在 Opacity 属性面板上右击，在弹出的快捷菜单中选择 Edit Value（编辑值）命令，在 Opacity 属性对话框中的 Opacity 文本框中输入新的不透明度数值，如图 2-26 所示。

图 2-26

2.2.6 层模式

1. 启用层模式

在 Timeline 窗口的列名称上右击，在弹出的快捷菜单中选择 Column（列）| Modes（模式）命令，则在 Timeline 窗口中可显示层模式列，如图 2-27 所示。选择 Modes（模式）菜单，在弹出的下拉菜单中选择合适的层模式。

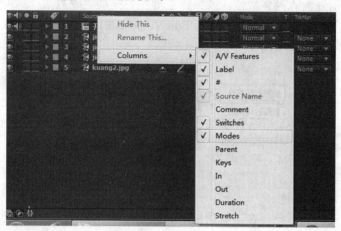

图 2-27

2. 层模式的类型

After Effects CS6 为用户提供了多种层模式，下面以"汽车"和"城市"两张素材图片为例介绍不同层模式的显示效果。如图 2-28（a）所示为要应用层模式的目标层，图 2-28（b）为目标层之下的层。

（a）　　　　　　　　　　　　　　（b）

图 2-28

（1）Normal（正常）模式

在该模式下，此层的显示不受其他层的影响，混合效果的显示与不透明度的设置有关。当不透明度为 100%时，将正常显示当前层的效果；当不透明度小于 100%时，下一层的像素会透过该层显示出来，显示的程度取决于不透明度的设置与当前层的颜色，效果如图 2-29

所示。

图 2-29

（2）Dissolve（溶解）模式

溶解模式仅对不透明度小于 100% 的羽化层或带有通道的层起作用，不透明度及羽化值的大小将直接影响溶解模式的最终效果。如果素材本身没有羽化边缘，并且不透明度为 100%，那么溶解模式不起任何作用，如图 2-30 所示。

图 2-30

（3）Dancing Dissolve（动态溶解）模式

该模式与 Dissolve 模式的应用条件相同，只不过它对融合区域进行了随机动画，即它可以根据时间帧的变化产生不同的自动溶解动画效果。

（4）Darken（变暗）模式

在变暗模式中，系统会查看每个通道中的颜色信息，并选择当前层和下层中较暗的颜色作为结果色，效果如图 2-31（a）所示。

（5）Lighten（变亮）模式

在变亮模式中，系统会查看每个通道中的颜色信息，并选择当前层和下层中较亮的颜色作为结果色。它与变暗模式正好相反，效果如图 2-31（b）所示。

（6）Multiply（正片叠底）模式

在正片叠底模式中，将当前层与下一层的颜色相乘，然后再除以 255，便得到结果色颜色值。结果色通常显示较暗的颜色，可以形成一种光线穿透层的幻灯片效果。任何颜色与黑色相乘产生黑色，与白色相乘则保持不变，效果如图 2-32（a）所示。

（a）　　　　　　　　　　　（b）

图 2-31

（7）Screen（屏幕）模式

该模式是一种加色混合模式，与正片叠底模式正好相反，它将当前层的互补色与下一层的颜色相乘，呈现出一种较亮的效果，效果如图 2-32（b）所示。

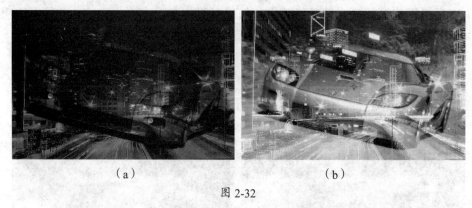

（a）　　　　　　　　　　　（b）

图 2-32

（8）Linear Burn（线性加深）模式

该模式用于查看每个通道中的颜色信息，并通过减小亮度，使当前层变暗，以反映下一层的颜色，下一层与当前层上的白色混合后将不发生变化，效果如图 2-33（a）所示。

（9）Linear Dodge（线性减淡）模式

该模式用于查看每个通道中的颜色信息，并通过增加亮度，使当前层变亮，以反映下一层的颜色，下一层与当前层上的黑色混合后将不发生变化，效果如图 2-33（b）所示。

（a）　　　　　　　　　　　（b）

图 2-33

（10）Color Burn（颜色加深）模式

在颜色加深模式中，查看每个通道中的颜色信息，并通过增加对比度，使当前层颜色变暗，以反映下一层的颜色，如果与白色混合将不会产生变化。颜色加深模式创建的效果和正片叠底模式创建的效果比较类似，如图 2-34（a）所示。

（11）Color Dodge（颜色减淡）模式

在颜色减淡模式中，查看每个通道中的颜色信息，并通过减少对比度，使当前层颜色变亮，以反映下一层的颜色，如果与黑色混合将不会产生变化。该模式类似于滤色模式效果，效果如图 2-34（b）所示。

（a）　　　　　　　　　　　　　　　　（b）

图 2-34

（12）Classic Color Burn（典型颜色加深）模式

该混合模式与 Color Burn（颜色加深）模式非常相似，只是更注意控制某些重点颜色的加深效果。

（13）Classic Color Dodge（典型颜色减淡）模式

该混合模式与 Color Dodge（颜色减淡）模式几乎相同，只是更注意控制某些重点颜色的减淡。

（14）Add（加）模式

此混合模式查看每个通道中的颜色信息，并通过当前层与下一层的颜色比较，显示出混合后更亮的颜色，白色将不发生变化，黑色将完全消失，效果如图 2-35（a）所示。

（15）Overlay（叠加）模式

叠加模式可把当前颜色与下一层颜色相混合，产生一种中间色。该模式主要用于调整图像的中间色调，而图像的高亮部分和阴影部分将保持不变，因此对黑色或白色像素着色时，"叠加"模式不起作用。效果如图 2-35（b）所示。

（16）Soft Light（柔光）模式

该模式可以产生一种类似柔和光线照射的效果。如果当前层颜色比 50%的灰色亮，则图像变亮，就像被减淡了一样；如果当前层颜色比 50%的灰色暗，则图像变暗，就像被加深了一样。如果当前层中有纯黑色或纯白色，会产生较暗或较亮的区域，但不会产生纯黑色或纯白色，效果如图 2-36（a）所示。

（17）Hard Light（强光）模式

该模式可以产生一种强光照射的效果，它与柔光模式相似，只是显示效果比柔光更强一些。如果当前层中有纯黑色或纯白色，将产生纯黑色或纯白色，效果如图 2-36（b）所示。

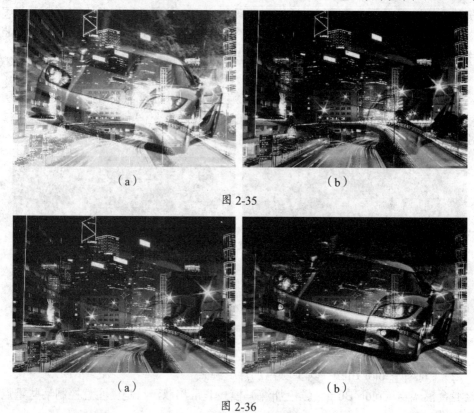

（a） （b）

图 2-35

（a） （b）

图 2-36

（18）Linear Light（线性光）模式

该模式通过增加或减少亮度来减淡或加深显示颜色。首先将层颜色进行对比，得出对比后的颜色，如果对比后的颜色比 50%的灰色亮，则通过增加亮度使图像变亮；如果对比后的颜色比 50%的灰色暗，则减少亮度使图像变暗，效果如图 2-37（a）所示。

（19）Vivid Light（亮光）模式

该模式通过增加或减少对比度来减淡或加深显示颜色。首先将层颜色进行对比，得出对比后的颜色，如果对比后的颜色比 50%的灰色亮，则通过减少对比度使图像变亮；如果对比后的颜色比 50%的灰色暗，则通过增加对比度使图像变暗，效果如图 2-37（b）所示。

（20）Pin Light（点光）模式

该模式与 Photoshop 中的"颜色替换"命令相似。它首先将层颜色进行对比，得出对比后的颜色，如果对比后的颜色比 50%的灰色亮，则替换对比后暗的颜色，不改变其他颜色效果；如果对比后的颜色比 50%的灰色暗，则替换对比后亮的颜色，不改变其他的颜色效果，效果如图 2-38（a）所示。

（21）Hard Mix（强混合）模式

该模式可以将下一层图像以强烈的颜色效果显示出来，在显示的颜色中，以全色的形式出现，不再出现中间的过渡颜色，效果如图 2-38（b）所示。

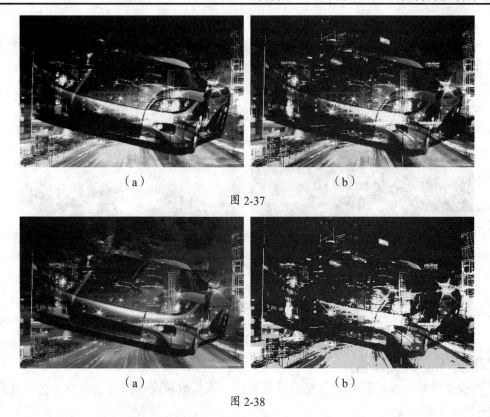

（a）　　　　　　　　　　　　　　　（b）

图 2-37

（a）　　　　　　　　　　　　　　　（b）

图 2-38

（22）Difference（差值）模式

该模式是将下一层颜色的亮度值减去当前层颜色的亮度值，如果结果为负，则取正值，产生反相效果。当不透明度为 100%时，当前层中的白色将反相，黑色则不会产生任何变化，效果如图 2-39（a）所示。

（23）Classic Difference（典型差值）模式

该模式与 Difference 模式几乎相同，只是在颜色反相上，将更注意控制某些重点颜色的反相处理。

（24）Exclusion（排除）模式

该模式与 Difference 模式相似，但比差值模式更加柔和，效果如图 2-39（b）所示。

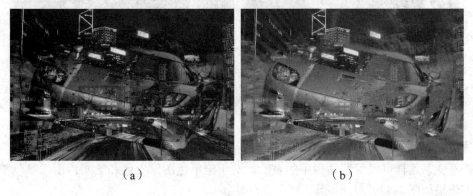

（a）　　　　　　　　　　　　　　　（b）

图 2-39

（25）Subtract（减）模式

该模式是将下一层的颜色减去当前层的颜色，如果当前层的颜色为黑色，则将下层的颜色作为结果色，效果如图 2-40（a）所示。

（26）Divide（除）模式

该模式是将当前层的颜色除下一层的颜色，如果当前层的颜色为白色，则将下层的颜色作为结果色，效果如图 2-40（b）所示。

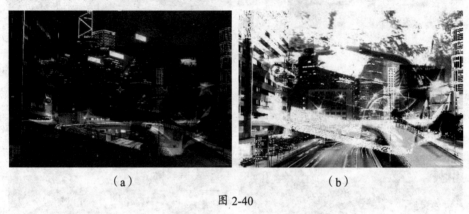

（a）　　　　　　　　　　　　　　　（b）

图 2-40

（27）Hue（色相）模式

该模式只对当前层颜色的色相值进行着色，而其饱和度和亮度值保持不变，效果如图 3-41（a）所示。

（28）Saturation（饱和度）模式

该模式与 Hue 模式相似，只对当前层颜色的饱和度进行着色，而色相值和亮度值保持不变。当下一层颜色与当前层颜色的饱和度值不同时，才进行着色处理，效果如图 2-41（b）所示。

（a）　　　　　　　　　　　　　　　（b）

图 2-41

（29）Color（颜色）模式

该模式能够对当前层颜色的饱和度值和色相值同时进行着色，而使下一层颜色的亮度值保持不变。这样可以保留图像中的灰阶，对于给单色图像上色和给彩色图像着色都非常有用，效果如图 2-42（a）所示。

（30）Luminosity（亮度）模式

该模式与 Hue 模式相似，对当前层颜色的亮度进行着色，而色相值和饱和度值保持不变。当下一层颜色与当前层颜色的亮度值不同时，才进行着色处理，效果如图 2-42（b）所示。

（a）　　　　　　　　　　　　　　　（b）

图 2-42

2.2.7　轨道蒙版层

After Effects CS6 中可以把一个层上方的图像或影片作为透明的 Matte（蒙版或遮罩）层使用。素材层可以将其上方的层作为轨道蒙版层，轨道蒙版层被系统自动隐藏。当轨道蒙版层没有 Alpha 通道时，可以使用亮度值设置其透明度。

可以使用任一素材片段或静止图像作为 Track Matte（轨道蒙版层），图 2-43 为时间线窗口中所使用的素材，图 2-43（a）为轨道蒙版层，图 2-43（b）为素材层，图 2-43（c）为背景层；图 2-44 为应用轨道蒙版层时的 Timeline 窗口状态；图 2-45 为使用轨道蒙版层效果后的合成图像。

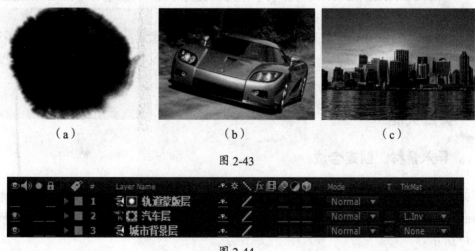

（a）　　　　　　　（b）　　　　　　　（c）

图 2-43

图 2-44

图 2-45

在 Timeline 窗口中显示 Modes（模式）列，确认作为轨道蒙版的层在填充层的上方，选择 Track Matte 菜单，弹出下拉列表，如图 2-46 所示。

图 2-46

下拉列表中各命令的含义如下。

● No Track Matte：此命令表示不使用轨道蒙版层，不产生透明度变化，上面的层被当作普通层。

● Alpha Matte：此命令表示使用蒙版层的 Alpha 通道。当 Alpha 通道的像素值为 100% 时不透明。

● Alpha Inverted Matte：此命令表示使用蒙版层的反转亮度值。当 Alpha 通道的像素值为 0% 时不透明。

● Luma Matte：此命令表示使用蒙版层的亮度值。当像素的亮度值为 100% 时不透明。

● Luma Inverted Matte：此命令表示使用蒙版层的反转亮度值。当像素的亮度值为 0% 时不透明。

2.3　项目实施

2.3.1　导入素材、创建合成

（1）启动 After Effects CS6，选择 Edit（编辑）| Preferences（首选项）菜单命令，打开 Preferences（首选项）对话框，设置 Still Footage（静态脚本）的导入长度为 18 秒，如图 2-47 所示。

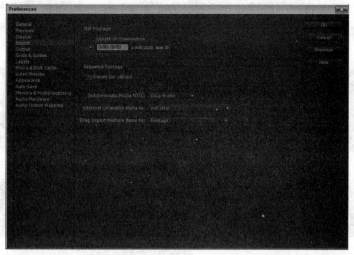

图 2-47

（2）在网上下载素材文件，在 Project（项目）窗口中双击，打开 Import File（导入文件）对话框，选择素材文件中 "素材与源文件\Chapter 2\Footage" 文件夹下的 shizhuang.psd 文件，在 Import Kind（导入类型）下拉列表中选择 "合成-保持图层尺寸" 选项，将素材以剪裁合成方式导入，如图 2-48 所示。同样，将 logo.psd 以 Footage（素材）方式导入。

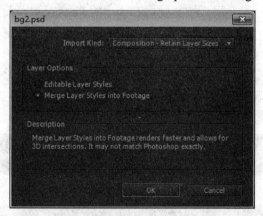

图 2-48

2.3.2 第 1 个画面

（1）单击图层 1～图层 4 的 图标，隐藏图层。

（2）在 Timeline（时间线）窗口双击 shizhuang 合成中的图层 2，打开合成 2，选择 Vector Smart Object copy 3～Vector Smart Object copy 5 这 3 个图层，将时间线移至 0:00:04:00，按 Alt+]快捷键切割出点。按 P 键展开 3 个层的 Position（位置）属性，按 Shift+T 快捷键展开 3 个层的 Opacity（不透明度）属性，在 0 秒设置 3 个层的位置和不透明度属性，将 3 个箭头图形放置在窗口左侧，如图 2-49 所示；将时间线移动至 20 帧处，设置位置属性，如图 2-50 所示；将时间线移动至 3 秒 10 帧处，单击 3 个层的位置属性导航器中间的方块，建立关键帧；将时间线移动至 4 秒处，设置 3 个层的位置属性，如图 2-51 所示，制作 3 个深浅不一的箭头从左到右然后移出画面的动画效果。

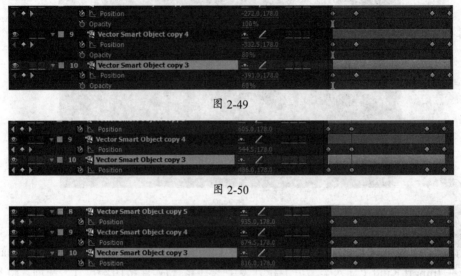

图 2-49

图 2-50

图 2-51

（3）选择 Layer 43 copy 层，按 P 键展开该层的 Position（位置）属性，设置 0 秒的位置为（-36.5，434），1 秒 5 帧的位置为（440.5，434），制作橙色箭头从左向右运动的效果。

（4）选择"古典"层，按 S 键展开 Scale（缩放）属性，同时按住 Shift+R 和 Shift+T 快捷键展开 Rotation（旋转）和 Opacity（不透明度）属性，设置 1 秒 5 帧处的属性值如图 2-52 所示，设置 1 秒 20 帧处的属性值如图 2-53 所示。

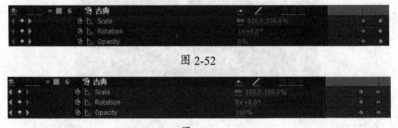

图 2-52

图 2-53

（5）选择 It is classica 层，展开 Opacity（不透明度）属性，制作 1 秒 5 帧至 1 秒 20 帧间透明度由 0 变为 100 时的渐显动画。

2.3.3　第 2 个画面

（1）画面转换。选择"图层 5"层，按 T 键展开 Opacity（不透明度）属性，设置 Opacity 属性在 4 秒至 4 秒 10 帧间值从 100 变化至 0，完成画面转换。

（2）在 Project 窗口中的"shizhuang 图层"文件夹中拖动 Vector Smart Object copy 3/shizhuang.psd～Vector Smart Object copy 5/shizhuang.psd 至合成 2 的原箭头图形层的上方，入点为 4 秒处。按 P 键展开 3 层的 Position（位置）属性，按 Shift+T 快捷键展开 Opacity（不透明度）属性，设置 3 层在 4 秒至 4 秒 10 帧间的从左至右动画效果，如图 2-54 和图 2-55 所示。

图 2-54

图 2-55

（3）选择 Layer 43 copy 层，按 P 键展开该层的 Position（位置）属性，设置 4 秒的位置为（440.5，434），4 秒 10 帧的位置为（134.5，434），制作橙色箭头从右向左的运动效果。

（4）选择"古典"层，制作文字消失效果。按 T 键显示 Opacity（不透明度）属性，设置 Opacity 属性在 4 秒至 4 秒 10 帧间值由 100 变为 0。同理，制作 It is classica 层的消失动画。

（5）显示"舒展"层和 It is Extend 层，按 T 键显示 Opacity（不透明度）属性，设置该属性在 4 秒至 4 秒 10 帧间值由 0 至 100 的渐显动画。

（6）选择"图层 4"层，展开 Position（位置）和 Scale（缩放）属性，制作图片在 4 秒 10 帧至 4 秒 20 帧间由小变大的动画效果，如图 2-56 和图 2-57 所示。

图 2-56

图 2-57

（7）图片的变换。选择"图层 4"层，移动时间线至 7 秒 9 帧处，单击 Position 属性关键帧记录器中间的小方框，建立关键帧，移动时间线至 8 秒处，设置该层的 Position 值为（1263，436.5），制作该层向右移动的消失动画，选择"图层 3"层，设置 7 秒 9 帧处的 Position 属性值为（-359，288），设置 8 秒处的值为（361，288），制作该层向右移动并显示出现的动画效果。

2.3.4　第3个画面

（1）选择 Vector Smart Object copy 3/shizhuang.psd ～ Vector Smart Object copy 5/shizhuang.psd 图层，展开 Position（位置）、Rotation（旋转）、Opacity（不透明度）属性，制作关键帧动画，完成 3 个箭头的转换动画，具体参数参照源文件，效果如图 2-58 所示。

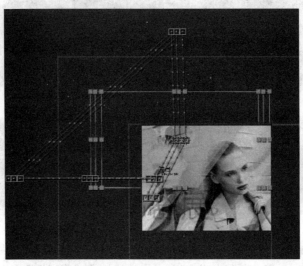

图 2-58

（2）图片转换。选择"图层 3"图层，展开 Scale（缩放）和 Opacity（不透明度）属性，制作 10 秒 15 帧至 11 秒间 Scale 属性由（100%,100%）放大至（264%,264%），Opacity 属性由 100 变化至 0，图片逐渐变大至透明消失的动画。选择"图层 2"图层，展开 Position 和 Scale 属性，设置 10 秒 15 帧处的 Position 属性值为（360,288），Scale 属性值为 100%，11 秒处的 Position 和 Scale 属性值为（749,664）和 234%，完成两张图片的变换。

（3）选择"舒展"层和 It is Extend 层，展开 Scale（缩放）属性和 Opacity（不透明度）属性，在 10 秒 15 帧处设置两属性值为（100%，100%）、100%，在 11 秒处设置两属性值为（534%,534%）、0%，制作文字层的放大消失动画。

（4）显示 It is fanshion 层和"时尚"层，展开 Position（位置）属性，在 10 秒 15 帧处设置其属性值分别为（-59,265.5）、（-76.5,239.5），在 11 秒处设置两层的属性值分别为（197,265.5）、（179.5，239.5），完成该画面的文字层的出现动画。

（5）选择 Layer 43 copy 层，展开该层的 Position（位置）属性和 Rotation（旋转）属性，设置 15 秒 15 帧至 11 秒间的属性值，如图 2-59 所示。

图 2-59

2.3.5 第 4 个画面

（1）选择 Vector Smart Object copy 3/shizhuang.psd ～ Vector Smart Object copy 5/shizhuang.psd 图层，展开 Position（位置）、Rotation（旋转）属性，制作 14 秒至 14 秒 10 帧间的关键帧动画，参数值如图 2-60 和图 2-61 所示。

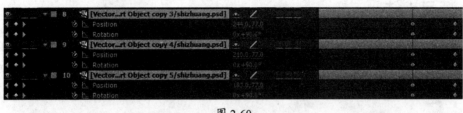

图 2-60

图 2-61

（2）图片转换。选择"图层 2"层，展开 Opacity（不透明度）属性，制作 14 秒至 14 秒 10 帧间 Opacity 属性从 100 变化至 0 逐渐消失的动画；选择"图层 1"层，制作 14 秒至 14 秒 10 帧间 Opacity 属性从 0 变化至 100 逐渐显示的动画。

（3）选择 It is fanshion 层、"时尚"层和 Layer 43 copy 层，展开 Position（位置）属性，14 秒处设置 3 层的 Position 属性值为（197,265.5）、（179.5,239.5）、（88.5,236），14 秒 10 帧处设置 3 层的 Position 属性值分别为（241,405.5）、（223.5,379.5）、（150.5,376），制作文字和橙色箭头的位置动画效果。

（4）制作 It is fanshion 层、"时尚"层和 Layer 43 copy 层的 Opacity（不透明度）属性在 16 秒至 16 秒 10 帧间由 100 变为 0 逐渐消失的动画效果。

2.3.6 定版 Logo

打开 shizhuang 合成，选择 logo.psd 图层，展开 Scale（缩放）属性和 Opacity（不透明度）属性，制作 16 秒至 16 秒 10 帧的缩放和透明度动画效果，参数设置如图 2-62 所示。

图 2-62

图 2-62（续）

2.4　项目小结

　　本项目主要通过对图层位置、旋转、缩放、不透明度等属性进行关键帧动画的制作，来实现各个画面的显示和转换，读者应仔细体会一般二维合成的操作流程。另外，熟练掌握常用图层属性的快捷键，可以加快操作速度。

项目 3 《中国风》栏目片头制作

3.1 项目描述及效果

1. 项目描述

《中国风》栏目主要是介绍国画、书法等具有中国特色的古典艺术作品的栏目。本项目主要通过有代表性的水墨山水画效果作为贯穿整个项目的主线。为了突出文化类栏目的特点和古典艺术的新生活力，3 个分镜头中水墨画面动态展示，以达到静中有动，动中有静的效果。在色彩上，定版文字采用中国红和水墨的黑色，更能突出主题。

2. 项目效果

本项目效果如图 3-1 所示。

图 3-1

3.2 项目知识基础

3.2.1 关键帧插值

1. 插值类型

（1）线性插值

这种插值类型是 After Effects 默认的时间插值设置。这种插值方法使关键帧产生相同的变化率，不存在加速和减速，其变化节奏比较强，相对比较机械，一般对匀速运动的物体使用这种插值类型。线性插值在时间线窗口的标志为 ◆，如图 3-2 所示。

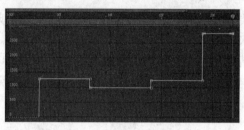

图 3-2

（2）Bezier（贝塞尔）插值和 Continuous Bezier（连续贝塞尔）插值

这两种插值在时间线窗口的标志都为 ▨。它们的区别在于 Bezier（贝塞尔）插值的手柄只能调节一侧的曲线，而 Continuous Bezier（连续贝塞尔）插值的手柄能调节两侧的曲线。

Bezier（贝塞尔）插值方法可以通过调节手柄，使关键帧间产生一个平稳的过渡。通过调节手柄可以改变物体运动速度，如图 3-3 所示。

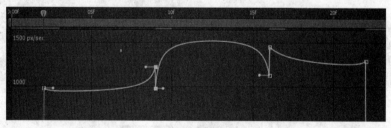

图 3-3

Continuous Bezier（连续贝塞尔）插值在穿过一个关键帧时，产生一个平稳的变化率，如图 3-4 所示。

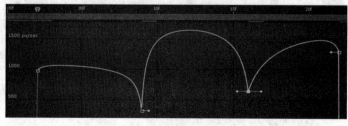

图 3-4

（3）Auto Bezier（自动贝塞尔）插值

Auto Bezier（自动贝塞尔）插值在时间线窗口的标志为 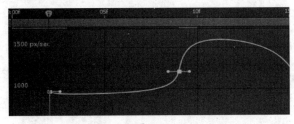。它可以在不同的关键帧插值之间保持平滑的过渡。当改变 Auto Bezier（自动贝塞尔）插值关键帧的参数值时，After Effects 会自动调节曲线手柄位置，来保证关键帧之间的平滑过渡。如果以手动方法调节自动 Bezier 插值，则关键帧插值变为连续 Bezier 插值，如图 3-5 所示。

图 3-5

（4）Hold（静止）插值

这种插值在时间线窗口的标准为 ■。Hold 插值依时间改变关键帧的值，关键帧之间没有任何过渡。使用 Hold 插值，第一个关键帧保持其值不变，直至下一个关键帧，突然进行改变，如图 3-6 所示。

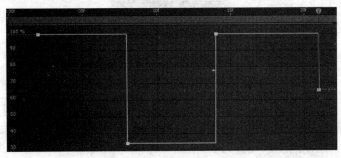

图 3-6

2．编辑插值

使用对话框改变关键帧插值的方法：在时间线窗口中的关键帧上右击，在弹出的快捷菜单中选择 Keyframe Interpolation（关键帧插值）命令，弹出关键帧插值对话框，如图 3-7 所示，在关键帧插值对话框中改变关键帧插值类型。

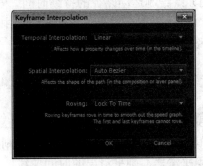

图 3-7

利用热键改变关键帧插值的方法：在时间线窗口中显示关键帧，使用选择工具，按住 Ctrl 键单击要改变的关键帧标记，插值变化取决于关键帧上当前的插值方法。如果关键帧使用线性插值，按住 Ctrl 键单击后变为自动 Bezier 插值；如果关键帧使用 Bezier、连续 Bezier 或自动 Bezier 插值，按住 Ctrl 键单击后变为线性插值。

3.2.2 运动草图

可以利用 After Effects 提供的运动草图功能在指定的时间区域内绘制运动路径。系统在绘制同时记录层的位置和绘制路径的速度。当运动路径建立以后，After Effects 使用合成图像指定的帧速率，为每一帧产生一个关键帧。

绘制运动路径的方法如下。

（1）在时间线窗口或合成窗口中选择要绘制路径的层。

（2）选择菜单命令 Window（窗口）｜Motion Sketch（动态草图），打开 Motion Sketch 选项卡，如图 3-8 所示。

图 3-8

● Capture speed at（采集速度）：指定一个百分比确定记录的速度与绘制路径的速度在回放时的关系。该值高于 100%则回放速度快于绘制速度，低于 100%则回放速度慢于绘制速度，设置为 100%时，绘制与回放速度相同。

● Smoothing（平滑）：对复杂的关键帧进行平滑，消除多余的关键帧。

● Show（显示）：选中 Wireframe（线框图）复选框，则在绘制运动路径时，显示层的边框，选中 Background（背景）复选框，则在绘制路径时显示合成图像窗口内容。

● Start（开始）：绘制运动路径的开始时间，即时间线窗口中时间线的开始时间。

● Duration（持续时间）：绘制运动路径的持续时间。

（3）单击 Start Capture（开始采集）按钮，在合成窗口中按住鼠标左键拖动层产生运动路径，释放鼠标左键结束路径绘制。

3.2.3 平滑运动和速度

对于关键帧的运动和速度平滑可以使用平滑器工具进行控制。平滑器对层的空间和时间曲线进行平滑。为层的空间属性（如位置）应用平滑器，则平滑层的空间曲线；为层的时间属性（如不透明度）应用平滑器，则平滑层的时间曲线。

平滑器常常用于对复杂的关键帧进行平滑，如使用 Motion Sketch（运动草图）工具自动生成的曲线，会产生复杂的关键帧。使用平滑器可以消除多余的关键帧，对曲线进行平滑。

（1）在时间线窗口中选择要平滑曲线的关键帧。

（2）选择菜单命令 Window（窗口）| Smoother（平滑器），打开 Smoother 选项卡，如图 3-9 所示。

图 3-9

- Apply To（应用到）：控制平滑器应用到何种曲线。系统根据选择的关键帧属性自动选择曲线类型。
- Tolerance（宽容度）：宽容度越高，产生的曲线越平滑，但过高的值会导致曲线变形。

（3）单击 Apply（应用）按钮，进行平滑曲线。可以对平滑结果反复进行平滑，使关键帧曲线至最平滑，如图 3-10（a）所示为使用动态草图自动产生的曲线，图 3-10（b）为使用平滑器后的曲线。

（a）　　　　　　　　　　　　（b）

图 3-10

3.2.4 为动画增加随机性

通过 Wiggler（摇摆器）工具可以对依时间变化的属性增加随机性。摇摆器根据关键帧属性及指定的选项，通过对属性增加关键帧或在已有的关键帧中进行随机插值，对原来的属性值产生一定的偏差，使图层产生更为自然的运动。

（1）选择要增加随机性的关键帧，至少要选择 2 个关键帧。

（2）选择菜单命令 Window（窗口）| Wiggler（摇摆器），打开 Wiggler 选项卡，如图 3-11 所示。

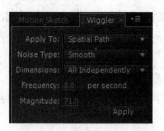

图 3-11

- Apply To（应用到）：控制摇摆器变化的曲线类型。
- Noise Type（噪声类型）：变化类型。可以选择"平滑"产生平缓的变化或选择"锯齿"产生强烈的变化。
- Dimensions（尺寸）：控制要影响的属性单元。选择 X 则在 X 轴对选择属性随机化，选择 Y 则在 Y 轴对选择属性随机化，选择 All the same（全部相同）则对 X、Y 轴进行相同的变化，选择 All Independently（全部独立）则对 X、Y 轴独立进行变化。
- Frequency（频率）：控制目标关键帧的频率，即每秒增加多少关键帧。
- Magnitude（数量）：设置变化的最大尺寸，低值产生较小的变化，高值产生较大的变化。

（3）单击 Apply（应用）按钮应用随机动画。

3.2.5 父子链接

可以为当前层指定一个父层。当一个层与另一个层发生父子链接关系后，两个层之间就会联动。父层的运动会带动子层的运动，而子层的运动则与父层无关。图层的父子链接关系遵循的原则是：一个父层可以有多个子层，而一个子层则只能有一个父层。同时，一个层既可以是其他子层的父层，又可以同时是一个父层的子层。

设置层的父子关系，必须保证合成图像中至少有两个层，在时间线窗口层的 Parent（父级）面板下拉列表中选择要作为当前层父层的目标层即可。如果要取消父子关系，可以在 Parent 下拉列表中选择 None（无）。

3.3　项目实施

3.3.1　导入素材、创建合成

（1）首先启动 After Effects CS6，选择 Edit（编辑）| Preferences（首选项）| Import（导入）菜单命令，打开 Preferences（首选项）对话框，设置 Still Footage（静态脚本）的导入长度为 13 秒。

（2）在 Project（项目）窗口中双击，打开 Import File（导入文件）对话框，选择 "素材与源文件\Chapter 3\Footage" 文件夹中的 bg2.psd 文件，在 Import Kind（导入类型）下拉列表中选择 Composition-Retain Layer Sizes（合成-保持图层大小）选项，将素材以合成方式导入，如图 3-12 所示。同样的方法将 bg.psd 和 bg3.psd 以剪裁合成方式导入，将 hehua.psd、诗句.psd、诗句 2.psd 和 paper.jpg 以 Footage（素材）方式导入。

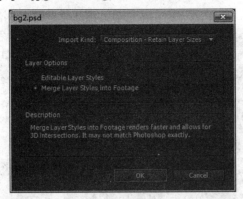

图 3-12

3.3.2　第 1 组分镜头

（1）双击 bg 合成，在时间线窗口打开 bg 合成。在时间线窗口空白处右击，在弹出的快捷菜单中选择 New | Solid 命令，新建白色固态层，把白色固态层拖入时间线的最底层，并设置该层的层模式为 Overlay（叠加）。把项目窗口的 paper.jpg 拖入白色固态层的下方，把项目窗口的"诗句.psd"拖入时间线的最上层，如图 3-13 所示。

图 3-13

（2）将时间调整到 00:00:00:00 位置，选择"诗句.psd"图层，按 T 键打开该层的不透明度属性选项，单击透明度左侧的关键帧开关 按钮，在当前位置设置关键帧，并设置透明度的值为 0%。将时间调整到 00:00:01:00 的位置，修改透明度的值为 100%，系统将在当前位置自动设置关键帧。按 Shift+P 快捷键继续显示位置属性选项，设置位置值为（583,163），如图 3-14 所示。

图 3-14

（3）在时间线窗口选择 tadpole.psd 图层，按 S 键打开该图层的缩放属性选项，设置该层的比例为 28%。选择 Window（窗口）| Motion Sketch（运动草图）命令，打开 Motion Sketch

（运动草图）选项卡，设置 Smoothing（光滑）为 15，然后单击 Start Capture（开始捕获）按钮，当合成窗口中的鼠标指针变成十字形状时，即可在窗口中随意绘制运动路径，如图 3-15 所示。

图 3-15

（4）在时间线窗口中选择 tadpole.psd 图层，并选中其所有的 Position 关键帧。选择 Layer（图层）| Transform（变换）| Auto-orient（自动定向）命令，在打开的 Auto-orientation 对话框中选中 Orient Along Path（沿路径方向设置）单选按钮，然后单击 OK 按钮。按 R 键打开该图层的 Rotation（旋转）属性选项，调整该属性值使小蝌蚪的头部朝向路径，预览可以看到小蝌蚪在运动中依照路径的变化顺利地改变方向，如图 3-16 所示。同理再制作两个小蝌蚪运动。

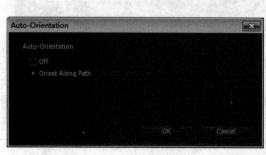

图 3-16

（5）在时间线窗口中选择 tadpole.psd 图层，按 T 键打开该图层的 Opacity（不透明度）属性选项，设置该层的 Opacity 值为 62%，右击该图层，在弹出的快捷菜单中选择 Layer Styles（图层样式）| Drop Shadow（阴影）命令，为图层添加阴影效果，如图 3-17 所示。

（6）打开 tadpole.psd 图层的 Motion Blur（运动模糊）开关和时间线的 Motion Blur 总开关按钮，如图 3-18 所示。

图 3-17

图 3-18

3.3.3　第 2 组分镜头

（1）双击 bg2 合成在时间线窗口打开该合成。选择"图层 1"图层，按 T 键打开该图层的 Opacity 属性选项，将时间线调整到 00:00:00:10 位置，单击 Opacity 左侧的关键帧开关按钮，在当前位置设置关键帧，并设置 Opacity 的值为 0%。将时间线调整到 00:00:00:20 的位置，修改 Opacity 的值为 100%，系统将在当前位置自动设置关键帧。

（2）选择"图层 3"图层，按 P 键打开该图层的 Position 属性选项，将时间线调整到 00:00:00:20 位置，单击透明度左侧的关键帧开关按钮，并设置 Position 的值为（-75,287）。将时间线调整到 00:00:01:05 的位置，修改 Position 的值为（117,287），使该图层从左向右运动到画面中来。

（3）选择"图层 4"图层，按 S 键打开该图层的 Scale 属性选项，将时间线调整到 00:00:01:00 位置，单击比例左侧的关键帧开关按钮，在当前位置设置关键帧，并设置 Scale 值为（400%,400%），将时间线调整到 00:00:01:10 的位置，修改 Scale（缩放）的值为（100%,100%），制作该层的缩放动画效果。同理制作该层逐渐显示动画，从 00:00:01:00

至 00:00:01:10 的时间内，透明度从 0 变化到 100，如图 3-19 所示。

图 3-19

3.3.4　第 3 组分镜头

（1）双击 bg3 合成在时间线窗口打开该合成，选择"图层 2"图层，按 P 键打开该图层的 Position 属性选项，将时间线调整到 00:00:00:00 位置，单击 Position 左侧的关键帧开关按钮，在当前位置设置关键帧，并设置 Position 值为（48，338），将时间线调整到 00:00:06:00 的位置，修改 Position 的值为（311,446），将时间线调整到结束位置，修改 Position 的值为（540,348）。

（2）选择"图层 2"图层的 Position（位置）属性的 3 个关键帧并右击，在弹出的快捷菜单中选择 Keyframe Interpolation（关键帧插值）命令，在 Keyframe Interpolation（关键帧插值）对话框中设置 Spatial Interpolation（空间插值）为 Auto Bezier（自动贝塞尔曲线），如图 3-20 所示。

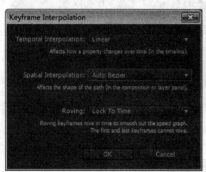
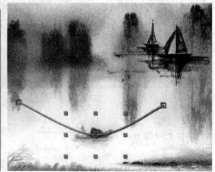

图 3-20

3.3.5　合成影片

（1）新建合成"白色蒙版"，设置 Width（宽）为 720px，Height（高）为 576px，Pixel Aspect Ratio（像素宽高比）为 Square Pixels（方形像素），Frame Rate（帧速率）为 25，Duration（持续时间）为 00:00:01:00，如图 3-21 所示。

（2）新建白色固态层，按 S 键打开该层的 Scale 属性，单击 Scale 左侧的链接标志，取消长宽比例链接。设置 X 轴 Scale 为 17%，如图 3-22 所示。

（3）选择白色固态层，按 P 键打开该层的 Position 属性，将时间线调整到 00:00:00:00 位置，单击 Position 左侧的关键帧开关按钮，在当前位置设置关键帧，并设置 Position 值为（100,288），将时间线调整到结束的位置，修改 Position 的值为（660,288）。选择

Window （窗口）| Wiggler（摇摆器）命令，打开 Wiggler 选项卡，并进行相应的设置，如图 3-23 所示。选择白色固态层的两个关键帧，单击 Apply 按钮。同理再新建两个固态层，分别缩小为（4%,100%）和（2%,100%），使用 Wiggler 设置其水平随机运动效果。

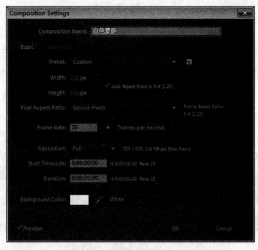

图 3-21

图 3-22

图 3-23

（4）新建合成"蒙版 1"，设置参数如图 3-22 所示。从 Project 窗口中拖动"白色蒙版"合成和 bg2 合成到"蒙版 1"合成中，设置 bg2 层以"白色蒙版"层为 Luma Matte（亮度蒙版），如图 3-24 所示。

图 3-24

（5）设置"白色蒙版"层的 Opacity 属性在时间 00:00:00:00 至 00:00:00:05 内其值由 0 变化到 100，在时间 00:00:00:20 至 00:00:01:00 内其值由 1000 变化到 0。

（6）新建合成"蒙版 2"，设置参数如图 3-22 所示。从项目窗口中拖动"白色蒙版"

合成和 bg3 合成到"蒙版 2"合成中，同上设置轨道蒙版和"白色蒙版"层的 Opacity 关键帧。

（7）新建合成 final，设置 Width（宽）为 720px，Height（高）为 576px，Pixel Aspect Ratio（像素宽高比）为 Square Pixels（方形像素），Frame Rate（帧速率）为 25，Duration（持续时间）为 00:00:13:00。

（8）从 Project 窗口中拖动 bg、bg2 和 bg3 合成到 final 合成中，将时间线移至 00:00:04:00 处，选择 bg2 层并按"["键将该层的入点移至 4 秒处。同理将 bg3 层的入点移至 00:00:07:00 处。从项目窗口中拖动"paper.jpg"至 final 合成的最底层。新建 3 个黑色固态层，分别改名为"bg-底"、"bg2-底"、"bg3-底"，设置 3 个固态层的比例为 110%，如图 3-25 所示。

图 3-25

（9）设置"bg-底"层的父层为 bg 层，"bg2-底"层的父层为 bg2 层，"bg3-底"层的父层为 bg3 层。从 Project 窗口中拖动"蒙版 1"至时间线窗口的 bg2 层的上方，入点为 4 秒处，拖动"蒙版 2"至时间线窗口的 bg3 层的上方，入点为 7 秒处。设置 bg2 层在 00:00:04:20 至 00:00:05:00 的时间内 Opacity 属性的值由 0%变化到 100%。同理对"bg3"层设置 00:00:07:20 至 00:00:08:00 的时间内的 Opacity 属性关键帧动画。

（10）设置 bg 层在 00:00:04:20 至 00:00:05:00 时间内 Opacity 属性值由 100%变化到 0%。，设置 bg2 层在 00:00:07:20 至 00:00:08:00 时间内 Opacity 属性值由 100%变化到 0%。选择 bg 层，将时间线移动到 00:00:10:00 处，按 P 键打开 Position（位置）属性，然后按 Shift+S 快捷键打开 Scale 属性，继续按 Shift+T 快捷键打开 Opacity 属性，单击 Position、Scale（缩放）、Opacity 属性的关键帧开关，移动时间线到 00:00:11:00 处，设置该层的 Position、Scale 和 Opacity 值为（141,433）、20%、100%。同理设置 bg2 层和 bg3 层，如图 3-26 所示。

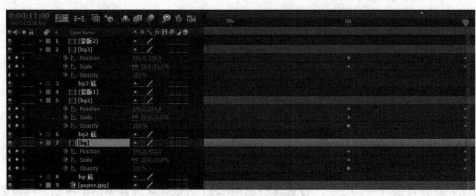

图 3-26

图 3-26（续）

（11）输入文字"中国风"，字体为"经典繁方篆"，字号为 84，颜色为红色。新建黑色固态层，该层的 Scale 为（1%,80%），继续输入"中国传统文化精髓"，字体为"经典繁园艺"，字号为 35，颜色为黑色。在时间线窗口空白处右击，在弹出的快捷菜单中选择 New | Null Object（空白对象）命令，新建 Null Object 层，设置黑色固态层和两个文字层的父层为 Null Object 层，如图 3-27 所示。

图 3-27

（12）设置 Null 1 层从 10 秒至 11 秒的 Scale 关键帧的值由 300%变化为 100%。在 10 秒至 11 秒内分别制作黑色固态层和两个文字层的 Opacity 关键帧动画，由 0%变化为 100%。从项目窗口中拖动"荷花.psd"至 final 合成中的 paper 层的上方，设置该层的 Opacity 属性值在 00:00:10:00 至 00:00:11:10 内由 0%变化为 100%，制作该层的渐显动画效果。

3.4 项目小结

　　本项目在展现 3 幅水墨画的同时运用运动草图勾勒蝌蚪的随机运动效果，运用摇摆器制作随机运动条完成画面的转场效果，运用父子链接完成 3 幅水墨画的同步缩放运动效果。本项目中的关键帧插值、运动草图、平滑器、摇摆器等高级运动控制对于后期合成中提高工作效率非常重要。

项目 4 《卡通天地》栏目片头制作

4.1 项目描述及效果

1. 项目描述

《卡通天地》栏目片头主要是通过预告近期要播出的动画和相应的卡通形象来展示本栏目的主题。本项目主要通过橙色和灰色的变换色板和动态文字介绍近期播出的动画片的时间和动画片名称，用渐显的卡通形象吸引观众的注意力。整个片头风格统一，统一中又存在变化，色块条的粗细、角度、大小的不断变化体现该栏目的趣味性。

2. 项目效果

本项目效果如图 4-1 所示。

图 4-1

4.2 项目知识基础

4.2.1 创建遮罩

1. 了解遮罩

Mask（遮罩）是一个路径或轮廓图，在为对象定义遮罩后将建立一个透明区域，该区域将显示其下层图像。如图 4-2（a）所示为未建立遮罩的原图，图 4-2（b）为建立遮罩后透出下面的背景层。

（a） （b）

图 4-2

After Effects CS6 中的遮罩是用线段和控制点构成的路径，路径可以是开放的也可以是封闭的。开放路径是无法建立透明区域的，主要用来应用特效，例如对开放路径进行描边；对于建立透明区域的遮罩，路径只能是封闭的。如图 4-3（a）所示是开放路径，只起到路径的功能；图 4-3（b）是封闭路径，起到建立透明区域的功能。

（a） （b）

图 4-3

2. 遮罩工具简介

（1）创建工具

● 矩形遮罩工具■：矩形遮罩工具可以在层上创建矩形遮罩。

- 圆角矩形遮罩工具▣：圆角矩形工具可以在层上创建圆角矩形遮罩。
- 椭圆遮罩工具●：椭圆遮罩工具可以在层上创建椭圆遮罩。
- 多边形遮罩工具●：多边形遮罩工具可以在层上创建多边形遮罩。
- 星形遮罩工具★：星形遮罩工具可以在层上创建星形遮罩。

（2）编辑工具

- 选择工具▶：作用是选择和移动构成遮罩的顶点或路径。
- 增加节点工具▼：作用是在路径上增加节点。
- 减少节点工具▼：作用是删除路径上多余的节点。
- 路径曲率工具Ⓝ：作用是改变路径的曲率。
- 遮罩羽化工具✎：作用是任意添加羽化边缘的遮罩虚线。

3. 建立遮罩

（1）建立规则遮罩

在工具面板中选择矩形、椭圆、多边形或星形遮罩工具，在 Composition（合成）窗口中找到目标层，在建立遮罩的起始位置按下鼠标左键，拖动句柄至结束位置产生遮罩。

▣（矩形遮罩工具）：在工具面板中选中此工具后，到 Composition（合成）窗口或 Layer（层）预览窗口中，按下鼠标左键并拖曳鼠标即可，如图 4-4（a）所示。

- 拖曳的同时按下 Shift 键可以产生正方形遮罩。
- 拖曳的同时按下 Ctrl 键可以以鼠标单击处为中心创建矩形遮罩。
- 拖曳的同时按下 Shift+Ctrl 快捷键可以产生以鼠标单击处为中心的正方形遮罩。
- 在 Tool（工具）面板双击此工具，可以依据层的大小产生一个矩形遮罩。

▣（圆角矩形遮罩工具）：功能与矩形遮罩工具非常接近，只是多了圆角大小的设置。在创建过程中，也就是按下鼠标左键并拖曳鼠标时，通过键盘的"↑"、"↓"键或者滑动鼠标滑轮来调整圆角的大小，调整合适后再松开鼠标，完成圆角矩形的创建，如图 4-4（b）所示。

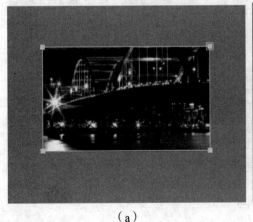 

（a）   （b）

图 4-4

　　 （椭圆遮罩工具）：在 Tool（工具）面板上的 上按下鼠标左键一会儿，在右边弹出的工具栏中选择此工具后，到 Composition（合成）窗口或 Layer（层）预览窗口中，按下鼠标左键并拖曳鼠标即可。

- 拖曳的同时按下 Shift 键可以产生正圆形遮罩。
- 拖曳的同时按下 Ctrl 键可以以鼠标单击处为中心，创建椭圆遮罩。
- 拖曳的同时按下 Shift+Ctrl 快捷键可以产生以鼠标单击处为中心的正圆形遮罩。
- 在 Tool（工具）面板双击此工具，可以依据层的大小产生一个椭圆遮罩。

　　 （多边形遮罩工具）：同圆角矩形遮罩工具一样，在创建过程中，通过键盘的"↑"、"↓"键或者滑动鼠标滑轮来调整多边形的边数，通过键盘的"←"、"→"键可以调整多边形尖角的圆滑度，调整合适后再松开鼠标，完成多边形的创建，如图 4-5 所示。

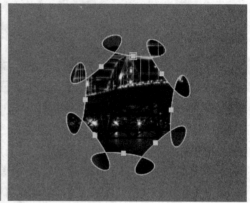

图 4-5

　　 （星形遮罩工具）：在创建过程中，通过键盘的"↑"、"↓"键或者滑动鼠标滑轮来调整星形的角数，通过键盘的"←"、"→"键可以调整星形尖角的圆滑度，调整合适后再松开鼠标，完成星形的创建，如图 4-6 所示。

图 4-6

　　（2）利用路径工具创建遮罩

　　 （钢笔工具）：可以创建各种异形遮罩或者各种路径，自由度比较大，使用率也是最高的。在工具面板中选中此工具后，到 Composition（合成）窗口或 Layer（层）预览窗口中，依次在画面各个位置单击形成路径，最后再次单击起点，或者双击形成封闭的异形遮罩。如果在某个位置点按鼠标左键并拖曳鼠标，就可以直接绘制贝塞尔曲线。

通过路径创建遮罩时，路径上的控制点越多，遮罩形状越精细，但过多的控制点不利于修改。建议路径上的控制点在不影响效果的情况下，尽量减少，以达到制作高效路径的目的。

（3）通过菜单 New Mask（新建遮罩）命令创建遮罩

在准备建立遮罩的层上右击，在弹出的快捷菜单中选择 Mask（遮罩）|New Mask（新建遮罩）命令，系统会自动沿层的边缘建立一个矩形遮罩。

选择建立遮罩的层，按快捷键 M 展开 Mask（遮罩）的 Mask Shape（遮罩形状）属性，如图 4-7（a）所示，单击该属性右侧的 Shape（形状）按钮，弹出 Mask Shape（遮罩形状）对话框；或在遮罩上右击，在弹出的快捷菜单中选择 Mask （遮罩）|Mask Shape（遮罩形状）命令，弹出 Mask Shape 对话框，如图 4-7（b）所示。

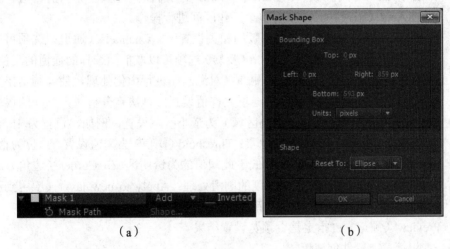

（a）　　　　　　　　　　　　　　（b）

图 4-7

- Bounding Box（限制框）：对遮罩进行定位，距离 Top（顶部）、Left（左侧）、Right（右侧）、Bottom（底部）的距离。
- Units（单位）：可以设置为 Pixels（像素）、Inches（英寸）、Millimeters（毫米）和% of source（源素材的百分比）。
- Shape（形状）：Reset To（恢复到），可以恢复 Rectangle（矩形）或 Ellipse（椭圆形）遮罩。

（4）通过菜单 Auto-trace（自动勾画遮罩）命令创建遮罩

通过选择菜单中 Layer（图层）|Auto-trace（自动勾画遮罩）命令，可以依据层的 Alpha 通道、红、绿、蓝三色通道或者 Luminance（明度）信息自动生成路径遮罩，因此产生的遮罩的复杂程度依据源素材质量和 Auto-trace 对话框参数具体设置而定，如图 4-8 所示。

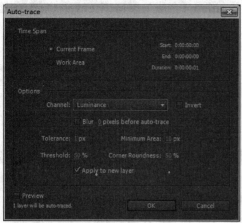

图 4-8

● Time Span（时间区域）：Current Frame（当前帧）选项仅对当前帧进行操作。Work Area（工作区）选项对整个工作区间进行操作。

● Options（选项）：自动生成蒙版的相关设置区。Channels（通道）选项可以选择的作为自动勾画依据通道；Invert（反转）选项可以取前面选择的通道的反值；Blur（模糊）选项是在自动勾画侦测前，对源画面进行虚化处理，使勾画结果变得平滑一些；Tolerance（宽容度）选项允许值设置，是决定分析时，判断的误差与界限范围；Minimum Area（最小区域）为最小区域设置，例如，设置为 10pixels，所形成的遮罩都将大于 10 个像素；Threshold（阈值）为阈值设置，单位为百分比，高于此阈值的为不透明区域，低于此阈值的为透明区域；Corner（边角）选项为自动勾画时对锐角进行什么程度的圆滑处理；Apply to new layer（应用到新层）选项为将自动勾画结果作用到新建的固态层中。

● Preview（预览）：指定是否预览设置结果。

（5）使用第三方软件创建遮罩

After Effects 允许用户从其他软件中引入路径供自己使用。用户可以利用这些应用软件中特殊的路径编辑工具为 After Effects 制作多种路径。

从 Photoshop 或 Illustrator 中引用遮罩的方法：运行 Photoshop 或 Illustrator，并创建路径。选中要复制到 After Effects 中的所有节点，选择 Edit（编辑）| Copy（复制）命令。切换到 After Effects CS6 的工作界面中，选中要建立遮罩的层，选择 Edit（编辑）| Paste（粘贴）命令。

4.2.2 编辑遮罩

1. 编辑遮罩形状

（1）点的选择和移动

由于 Composition（合成）窗口中可以看到很多层，所以如果在其中调整遮罩很可能会遇到干扰。建议双击目标图层，在其 Layer（层）预览窗口中对遮罩进行各种操作。

- 选择单个点：使用工具栏的 ▲（选择工具）选中目标图层，然后直接点选路径上的控制点。
- 选择多个控制点：使用工具栏的 ▲（选择工具）选中目标图层，按住 Shift 键在遮罩上依次单击所要选择的控制点。
- 选择全部控制点：使用工具栏的 ▲（选择工具）选中目标图层，按住 Alt 键单击遮罩可全选遮罩。或者双击遮罩也可全选遮罩。或者在 Timeline（时间线）窗口中选择目标图层，按下 M 键，展开 Mask Shape（遮罩形状）属性，单击属性名称即可全选路径（此方法不会出现调整边框）。

（2）缩放和选择遮罩或控制点

同时选中一些点之后，在被选择对象上双击就可以形成一个调整边框。在这个边框中，可以非常方便地进行位置移动、旋转或者缩放操作等，如图 4-9 所示。如果要取消这个调整边框，只需要在画面中双击即可，如果需要继续取消这些点的选中状态，只需要在空白处再次单击即可。

在调整框里面拖曳鼠标，即可完成移动操作，在按下 Shift 键的同时可以锁定移动轴向。在调整框的外面按下鼠标左键并拖曳鼠标，即可完成旋转操作，按下 Shift 键可以锁定以 45°的角度进行旋转。在调整框的 8 个控制点上按下鼠标左键并拖曳鼠标，即可完成缩放操作，同时按下 Shift 键，可以实现等比例缩放，如果按 Ctrl 键，可以实现以轴心点为中心进行缩放。

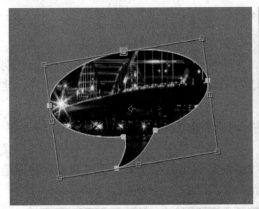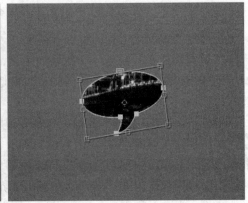

图 4-9

（3）遮罩外形的调整

通过对路径节点的修改，可以实现对遮罩外形的调整。

在工具栏中的 ▮（钢笔工具）上按下鼠标左键时间稍微长一点，在弹出的工具选项中选择 ▮（增加节点工具）或 ▮（减少节点工具），然后在路径上或路径点上单击即可对节点进行增加或减少的操作。

选择 ▮（路径曲率工具），然后在节点上按下鼠标左键并拖曳贝塞尔曲线控制柄，可以修改路径曲率，改变遮罩外形。

2. 修改遮罩其他属性

（1）羽化遮罩边缘

用户可以通过对遮罩边缘进行羽化设置来改变遮罩边缘的软硬度。

● 通过输入数字方式调整遮罩羽化

在 Timeline（时间线）窗口中选择要调整遮罩所在的层，按两次 M 键展开 Mask（遮罩）的所有属性，如图 4-10（a）所示。修改 Mask Feather（遮罩羽化）右侧的数值，如取消其链接标识，可单独设置水平和垂直方向上的羽化数值。

第二种方法是在 Composition（合成）窗口中选中要进行边缘羽化的遮罩，右击，在弹出的快捷菜单中选择 Mask（遮罩）| Mask Feather（遮罩羽化）命令，弹出如图 4-10（b）所示的 Mask Feather 对话框。在对话框中输入 Horizontal（水平）羽化值和 Vertical（垂直）羽化值。选中 Lock（锁定）复选框，水平、垂直羽化值相同；取消选中 Lock 复选框，则可以在水平和垂直方向输入不同的值。

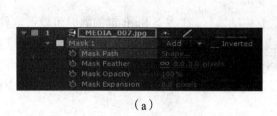

（a） （b）

图 4-10

● 通过遮罩羽化工具调整遮罩羽化

（遮罩羽化工具）是一个新增的工具，用来控制沿遮罩控制点的羽化。以前，羽化的宽度是围绕全封闭遮罩应用相同的值，而遮罩羽化工具可以像使用钢笔工具一样，实现沿遮罩边缘应用不同的羽化宽度。

在 Composition（合成）窗口中选择要进行边缘羽化的遮罩，从 Tools（工具）栏中选择（遮罩羽化工具），如图 4-11（a）所示。在遮罩上单击创建羽化点，羽化点既定义外部羽化边界，又定义内部羽化边界。如果蒙版内没有羽化范围手柄，则内部羽化边界是蒙版路径。蒙版羽化从内部扩展到外部羽化边界，如图 4-11（b）所示。

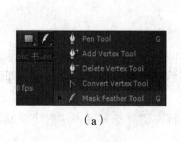
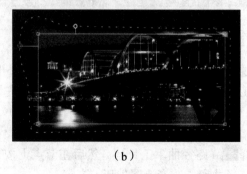

（a） （b）

图 4-11

可以使用选择工具或蒙版羽化工具，拖动羽化范围手柄来移动羽化点。按住 Alt 键通过羽化范围手柄拖动羽化点调整羽化边界的张力。

（2）设置遮罩的不透明度

通过设置遮罩的不透明度，可以控制遮罩内图像的不透明程度。遮罩不透明度只影响层上遮罩内区域图像，不影响遮罩外图像。如图 4-12（a）所示，左边遮罩和右边遮罩不透明度不同，产生的遮蔽效果也有所不同。

设置遮罩不透明度的方法与设置遮罩羽化方法相似，右击遮罩，在弹出的快捷菜单中选择 Mask（遮罩）| Mask Opacity（遮罩不透明度）命令，在弹出的 Mask Opacity 对话框中设置不透明度的数值即可，如图 4-12（b）所示。或者在图 4-10（a）中设置 Mask Opacity 值。

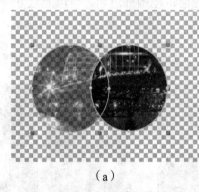

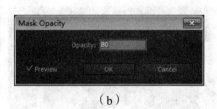

（a）　　　　　　　　　　　　　　　（b）

图 4-12

（3）扩展和收缩遮罩

通过调整 Mask Expansion（遮罩扩展）参数，可以对当前遮罩进行扩展或者收缩。当数值为正值时，遮罩范围在原始基础上扩展，效果如图 4-13（a）所示；当数值为负值时，遮罩范围在原始基础上收缩，效果如图 4-13（b）所示。

（a）　　　　　　　　　　　　　　　（b）

图 4-13

设置遮罩扩展和收缩的方法与设置遮罩羽化方法相似，右击遮罩，在弹出的快捷菜单中选择 Mask（遮罩）| Mask Expansion（遮罩扩展）命令，在弹出的 Mask Expansion 对话框中设

置不透明度的数值即可，如图4-14所示。或者在图4-10（a）中设置Mask Expansion值。

图 4-14

（4）反转遮罩

在默认情况下，遮罩范围内显示当前层的图像，范围外透明。可以通过Invert（反转）遮罩来改变遮罩的显示区域，效果如图4-15所示。只需选中要进行反转的遮罩，右击，在弹出的快捷菜单中选择 Mask（遮罩）| Inverted（反转）命令即可。或者在时间线窗口中选中要进行反转的遮罩，在图4-10（a）中选择遮罩旁的Inverted（反转）选项。

图 4-15

3. 操作多个遮罩

After Effects 支持在同一个层中应用多个遮罩，在各遮罩之间可以进行多重叠加。层上的遮罩以建立的先后顺序命名、排序，可以改变遮罩名称和排列顺序。

（1）为遮罩排序

默认状态下，系统以层上建立遮罩的顺序为遮罩命名，例如，Mask1、Mask2、Mask3等。

在时间线窗口中选中要改变顺序的遮罩，按住鼠标左键，拖动遮罩至目标位置，即可以手动方式改变遮罩排列顺序。

改变遮罩排列顺序的命令如下：

● 选择 Layer（图层）| Arrange（排列）| Bring Mask Forward（遮罩前移一级）命令或按 Ctrl+]快捷键，表示向上移动一级。

● 选择 Layer | Arrange | Bring Mask Backward 命令或按 Ctrl+[快捷键，表示向下移动一级。

● 选择 Layer | Arrange | Bring Mask to Front 命令或按 Ctrl+Shift+]组合键，表示移动遮罩至顶部。

- 选择 Layer | Arrange | Bring Mask to Back 命令或按 Ctrl+Shift+[组合键，表示移动遮罩至底部。

（2）遮罩的混合模式

遮罩的混合模式决定了 Mask 如何在层上起作用。默认情况下，遮罩的混合模式都为 Add。当一个层上有多个 Mask 时，可以使用 Mask 模式来产生各种复杂几何形状。用户可以在 Mask 旁边的模式面板中选择 Mask 的状态，如图 4-16 所示。而遮罩模式的作用结果则取决于居于上方的遮罩所用模式。

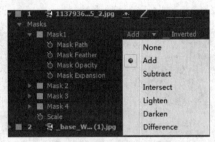

图 4-16

- **None**：遮罩采取无效方式，不在层上产生透明区域。选择此模式的路径将起不到蒙版作用，仅仅作为路径存在。如果建立遮罩不是为了进行层与层之间的遮蔽透明，可以使该 Mask 处于该种模式，系统会忽略 Mask 效果。在使用特效时，经常需要为某种特效指定一个遮罩路径，此时，可将遮罩处于 None 状态。
- **Add**：遮罩采取相加方式，将当前遮罩区域与之上的遮罩区域进行相加，对于遮罩重叠处的不透明度采取在处理前不透明度值的基础上再进行一个百分比相加的方式处理。如图 4-17（a）所示，圆形遮罩的不透明度为 60%，矩形遮罩的不透明度为 30%，运算后最终得出的蒙版重叠区域画面的不透明度为 90%。
- **Subtract**：遮罩采取相减方式，上面的 Mask 减去下面的 Mask，被减去区域的内容不在合成窗口中显示，如图 4-17（b）所示，圆形遮罩的不透明度为 80%，矩形遮罩的不透明度为 40%，运算后最终得出的蒙版重叠区域画面的不透明度为 40%。

（a）

（b）

图 4-17

- **Intersect**：遮罩采取交集方式，在合成窗口中只显示所选 Mask 与其他 Mask 相交部分的内容，所有相交部分不透明度相减，如图 4-18（a）所示，圆形遮罩的不透明度为 80%，矩形遮罩的不透明度为 40%，运算后最终得出的蒙版重叠区域画面的不透明度为 40%。

- **Lighten**：对于可视区域范围来讲，此模式与 Add 方式相同，但 Mask 相交部分不透明度则采用不透明度值较高的那个值，如图 4-18（b）所示，圆形遮罩的不透明度为 80%，矩形遮罩的不透明度为 40%，运算后最终得出的蒙版重叠区域画面的不透明度为 80%。

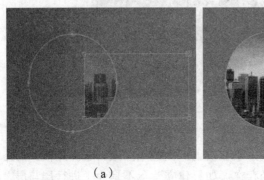

（a）　　　　　　　　　　　　　（b）

图 4-18

- **Darken**：对于可视区域范围来讲，此模式与 Intersect 方式相同，但 Mask 相交部分不透明度则采用不透明度值较低的那个值。如图 4-19（a）所示，圆形遮罩的不透明度为 80%，矩形遮罩的不透明度为 40%，运算后最终得出的蒙版重叠区域画面的不透明度为 40%。

- **Difference**：Mask 采取并集减去交集的方式，关于不透明度，与上面遮罩未相交部分采取当前遮罩不透明度设置，相交部分采取两者之间的差值。如图 4-19（b）所示，圆形遮罩的不透明度为 80%，矩形遮罩的不透明度为 70%，运算后最终得出的蒙版重叠区域画面的不透明度为 10%。

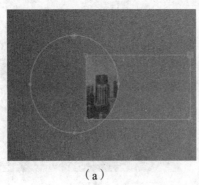

（a）　　　　　　　　　　　　　（b）

图 4-19

4.2.3　使用 Roto Brush 工具调整遮罩

使用 Roto Brush（旋转画笔）工具可以在前景元素和背景元素的代表区域绘制笔画，然后 After Effects 就会使用这些信息在前景和背景之间创建一个分割区域。绘制的笔画信息会告诉 After Effects 在相邻帧中的相邻区域哪些是前景部分、哪些是背景部分。在创建了分割区域之后，After Effects 会使用 Refine Matte（优化遮罩）选项来优化遮罩。下面通过一个实例介绍 Roto Brush 工具的使用。

（1）在项目窗口中导入"素材与源文件\Chapter4\Roto Brush"文件夹下的 girl.avi，按住鼠标左键将其拖动到窗口下方█（创建新合成）按钮上，产生一个 Composition（合成），继续导入 bg.psd 素材。

（2）双击 girl.avi 图层，移动时间线至 0 秒处，打开 Layer（层）面板，选择工具栏的█（Roto Brush 工具），在层面板中拖动，在要从背景中分离的对象上进行前景描边，可以沿对象的中心位置向下，而不用沿边缘绘制描边。在绘制前景描边时，Roto Brush（旋转画笔）的指针将变为中间带有加号的绿色圆圈，如图 4-20（a）所示。

（3）按住 Alt 键拖动，对要定义为背景的区域进行背景描边，以排除某个区域。在绘制背景描边时，Roto Brush（旋转画笔）的指针将变为中间带有减号的红色圆圈，如图 4-20（b）所示。

（a）　　　　　（b）

图 4-20

（4）在第一帧上重复绘制前景和背景描边的步骤，直到绘制比较精确和完整，如图 4-21（a）所示。按 Page Down 键移动 1 帧，After Effects 使用运动跟踪和各种其他技术，将前 1 帧的信息传播到当前帧，以确定隔离区域。如果 After Effects 为当前帧算出的隔离区域并非所需的位置，则可进行矫正描边，使 After Effects 了解哪里是前景、哪里是背景。

（5）重复一次移动一个帧并进行校正描边的步骤，直至确定绘制好所有的隔离区域。打开 Effect Controls（特效控制）面板，开启 Refine Matte（优化蒙版）选项，并根据需要设置相关的蒙版优化选项，如图 4-21（b）所示。

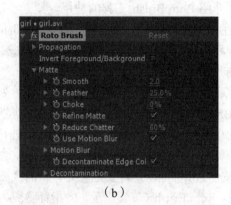

（a） （b）

图 4-21

（6）设置完毕后，在 Layer（层）面板右下角单击 Freeze （冻结）按钮，After Effects 已经算出了某帧的分段信息，则该信息会被放入缓存。如果尚未算出 Roto Brush 间距内某帧的分段，则 After Effects 必须先计算该分段，然后再冻结。执行冻结时，系统会打开一个对话框显示冻结的进度。Roto Brush 被冻结时，放在 Roto Brush 工具上的鼠标指针图案上会多出一条斜线。它表示除非解冻，否则新的描边不会影响结果。

（7）最后将项目窗口中 bg.psd 拖入 girl.avi 图层的下方，调整图层的 Scale（缩放）属性，最终效果如图 4-22 所示。

图 4-22

4.3 项目实施

4.3.1 导入素材、创建合成

（1）首先，启动 After Effects CS6，选择 Edit（编辑）｜Preferences（首选项）｜Import（导入）菜单命令，打开 Preferences 对话框，设置 Still Footage（静态脚本）的导入长度为13 秒。

（2）在 Project（项目）窗口中双击，打开 Import File（导入文件）对话框，选择"素材与源文件\Chapter 4\Footage"文件夹中的 1.psd～3.psd、tuan2.psd 和 texture.jpg 文件，在 Import Kind（导入类型）下拉列表中选择 Footage 选项，将素材导入。

（3）在 Project（项目）窗口中的空白处右击，在弹出的快捷菜单中选择 New Composition 命令，在打开的 Composition Settings（合成设置）对话框中进行设置，新建 katong 合成，如图 4-23 所示。

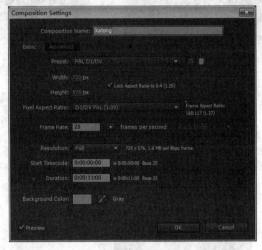

图 4-23

4.3.2 背景的合成

（1）将 Project（项目）窗口中 texture.jpg 和 tuan2.psd 素材拖至 katong 合成中，tuan2.psd 层在 texture.jpg 层的上方。选择 tuan2.psd 层，按 S 键展开该层的 Scale（缩放）属性，设置缩放属性值为（43%,43%）。使用工具栏的矩形遮罩工具为该层添加如图 4-24 所示的矩形遮罩，按两次 M 键展开其 Mask（遮罩）属性，设置 Mask Feather（遮罩羽化）值为（246,246）pixel。

（2）选择 tuan2.psd 层，打开该层的 3D 开关，展开该层的 Transform（变换）属性，设置其 Position（位置）、X Rotation（X 轴旋转）、Y Rotation（Y 轴旋转）属性，如图 4-25（a）所示，效果如图 4-25（b）所示。设置 Z Rotation（Z 轴旋转）属性在 0:00:00:00 处其值为 0x+0.0,设置在 0:00:10:24 处其值为 2x+0.0,设置旋转两圈动画效果。

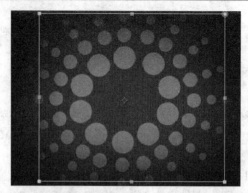

图 4-24

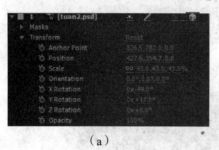

（a）

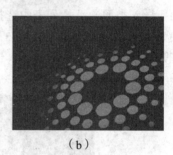

（b）

图 4-25

（3）在 Timeline（时间线）窗口的列标题上右击，在弹出的快捷菜单中选择 Column（列）| Modes（模式）命令，打开模式列，如图 4-26（a）所示。在 tuan2.psd 层的模式下拉菜单中选择 Soft Light（柔光）模式，如图 4-26（b）所示。

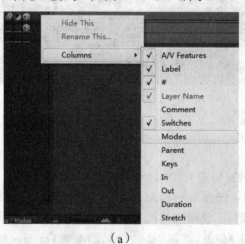

（a）

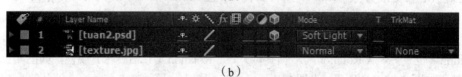

（b）

图 4-26

（4）在 tuan2.psd 层的上方新建黑色固态层，并添加椭圆遮罩效果。选择黑色固态层，按两次 M 键展开该固态层的 Mask（遮罩）属性，设置其 Mask Feather（遮罩羽化）属性值为（198,198）pixel，效果如图 4-27 所示。

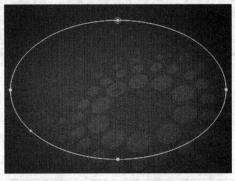

图 4-27

4.3.3 条框文字的合成

（1）新建橙色固态层（颜色为#FF8105）和灰色固态层（颜色为#898989），灰色固态层在橙色固态层的上方。在两个层上建立如图 4-28 所示的矩形遮罩。

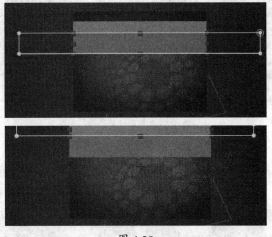

图 4-28

（2）选择 Orange Solid 1 层，右击该层，在弹出的快捷菜单中选择 Layer Styles（层样式）| Bevel and Emboss（倒角与浮雕）命令，为该层添加倒角与浮雕图层样式。同理为 Gray Solid 1 层添加倒角与浮雕图层样式。

（3）选择 Gray Solid 1 层，设置时间线在 0:00:00:10 处，按 M 键展开该层 Mask（遮罩）的 Mask Path（遮罩路径）属性，单击 Mask Path 属性左侧的关键帧开关，打开该层的 Mask Path 的关键帧记录器。设置时间线在 0:00:00:00 处，在 Composition（合成）窗口中双击矩形遮罩，在出现遮罩变换框后，拖动上边框至覆盖橙色固态层的顶端，Mask Path 自动在此处建立关键帧，效果如图 4-29 所示。

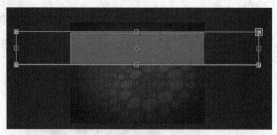

图 4-29

（4）选择 Gray Solid 1 层，设置时间线在 0:00:02:10 处，单击如图 4-30（a）所示的添加关键帧按钮，在此处单击添加关键帧。设置时间线在 0:00:02:24 处，在 Composition（合成）窗口中双击矩形遮罩，在出现遮罩变换框后，旋转变换框并缩放变换框，如图 4-30（b）所示，Mask Path 自动在此处建立关键帧。

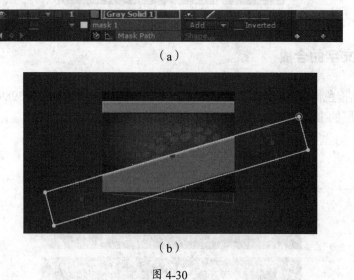

（a）

（b）

图 4-30

（5）选择 Gray Solid 1 层，设置时间线在 0:00:05:10 处，如上所述调节遮罩形状，效果如图 4-31（a）所示。同理调节遮罩形状在 0:00:06:00 处的效果如图 4-31（b）所示。

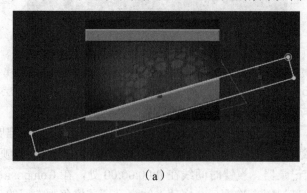

（a）

图 4-31

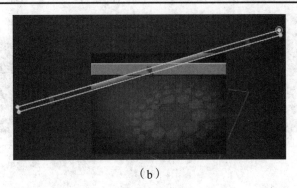

（b）

图 4-31（续）

（6）选择 Gray Solid 1 层，在 0:00:08:00 处为 Mask Path 添加关键帧，在 0:00:08:15 处调整遮罩形状，如图 4-32（a）所示。在 0:00:09:05 处调节遮罩形状，如图 4-32（b）所示。

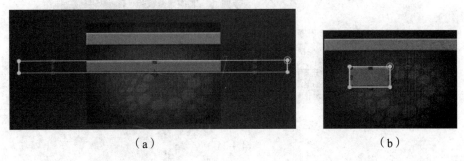

（a）　　　　　　　　　　　（b）

图 4-32

（7）同理设置 Orange Solid 1 层的 Mask Path 关键帧动画效果。选择 Orange Solid 1 层，设置时间线在 0:00:02:10 处，打开该层的 Mask Path 属性的关键帧开关。设置时间线 0:00:02:24 处的遮罩形状，如图 4-33（a）所示。在时间线 0:00:05:10 处建立 Mask Path（遮罩路径）属性的关键帧；设置时间线 0:00:06:00 处的遮罩形状，如图 4-33（b）所示。在 0:00:08:00 处建立 Mask Path 属性的关键帧，在 0:00:08:15 处设置遮罩形状，如图 4-33（c）所示，在 0:00:09:05 处设置遮罩形状，如图 4-33（d）所示。

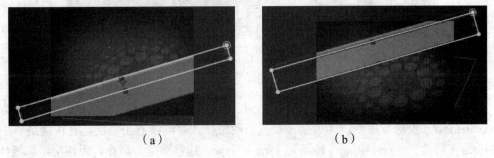

（a）　　　　　　　　　　　（b）

图 4-33

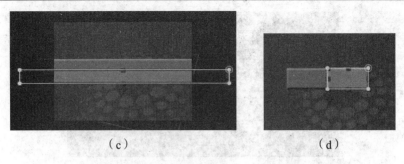

（c）　　　　　　　　　　　　　　　　（d）

图 4-33（续）

（8）在固态层的上方输入白色文字"【星期一晚上 7:30】"，文字属性设置如图 4-34（a）
所示，效果如图 4-34（b）所示。

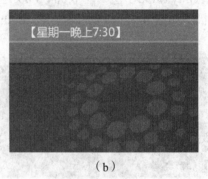

（a）　　　　　　　　　　　　　　　（b）

图 4-34

（9）继续输入橙色文字"多啦 A 梦"，文字属性如图 4-35（a）所示，效果如
图 4-35（b）所示。

（a）　　　　　　　　　　　　　　　（b）

图 4-35

（10）选择"多啦 A 梦"文字层，右击该层，在快捷菜单中选择 Layer Styles（层样式）|
Drop Shadow（投影）命令，为该层添加投影图层样式。继续右击该层，在快捷菜单中选
择 Effects（特效）| Transition（转场）| Linear Wipe（线性擦除）命令，为该层添加线性擦
除特效。

（11）选择"多啦 A 梦"文字层，在该层的 Effect Controls（特效控制）面板中设置特

效的参数，如图 4-36 所示。设置时间线在 0:00:00:10 处，单击 Linear Wipe 特效的 Transition Completion（转场完成）属性左侧的关键帧开关，并设置该属性值为 100%，在此处建立关键帧。设置时间线在 0:00:01:00 处，修改 Transition Completion 属性值为 0%，系统自动在此处添加关键帧，完成擦出文字动画效果。同理，在 0:00:02:00 至 0:00:02:10 处，调节 Transition Completion 属性值由 0% 变化至 100%，完成擦除文字动画效果。

图 4-36

（12）同理，制作"【星期一晚上 7:30】"文字层的擦出文字动画和擦除文字动画效果。

（13）同上建立白色文字层"【星期二晚上 7:30】"和橙色文字层"喜羊羊与灰太郎"，并设置两个文字层的 Rotation（旋转）属性值为 0x-16。设置时间线在 0:00:03:10 处，选择两个文字层，按"["键设置两个文字层的入点。为"喜羊羊与灰太郎"文字层添加 Drop Shadow（投影）图层样式，效果如图 4-37 所示。

图 4-37

（14）选择"喜羊羊与灰太郎"文字层，右击该层，在弹出的快捷菜单中选择 Effects（特效）|Blur &Sharpen（模糊&锐化）| Directional Blur（方向模糊）命令，为该层添加方向模糊特效。在 Effect Controls（特效控制）面板中设置 Direction（方向）属性值为 0x+74。在 0:00:03:10 处打开 Blur Length（模糊长度）属性的关键帧开关，设置该属性值为 154，在 0:00:03:20 处设置该属性值为 0。按 T 键展开该层的 Opacity（不透明度）属性，设置该属性从 0:00:03:10 至 0:00:03:20，其值由 0% 变化至 100%，制作渐显动画效果。同理制作从 0:00:04:20 至 0:00:05:10，其值由 100% 变化至 0%，制作逐渐消失动画效果。

（15）同上，制作"【星期二晚上 7:30】"文字层的模糊显示动画和逐渐消失动画效果。

（16）建立白色文字层"葫芦兄弟"和"【星期三晚上 7:30】"，参数设置同上。设置"葫芦兄弟"文字层的 Rotation（旋转）属性值为 0x-16，并为该层添加 Drop Shadow（投影）图层样式，效果如图 4-38 所示，设置两个文字层的入点为 0:00:06:00。

图 4-38

（17）选择"葫芦兄弟"文字层，按 S 键后继续按 Shift+T 快捷键展开 Scale（缩放）属性和 Opacity（不透明度）属性，设置 0:00:06:00 至 0:00:06:20，Scale 属性值由 400%变化至 100%，Opacity 属性值由 0%变化至 100%，制作缩放显示动画效果。然后制作 0:00:08:00 至 0:00:08:10，Opacity 属性值由 100%变化至 0%，制作逐渐消失动画效果。

（18）选择"【星期三晚上 7:30】"文字层，同步骤（14），添加 Directional Blur（方向模糊）特效，制作模糊显示动画和逐渐消失动画效果。

（19）建立橙色"卡通"文字层和白色"动画"文字层，为两个层添加 Drop Shadow（投影）图层样式。设置两个层的入点为 0:00:09:05。

4.3.4 卡通图像的合成

（1）将 Project（项目）窗口中 1.psd 素材拖至 katong 合成的"【星期一晚上 7:30】"文字层的上方，按 P 键展开该层的 Position（位置）属性，设置 Position 属性值为（206.4,390）。

（2）选择 1.psd 层，选择菜单栏中的 Layer（层）| Auto-trace（自动追踪）命令，在弹出的 Auto-trace 对话框中选择 Apply to new layer（应用到新层）复选框，如图 4-39（a）所示。在 1.psd 层的上方自动新建了 Auto-traced 1.psd 层，并沿着 1.psd 的 Alpha 边缘建立了遮罩，效果如图 4-39（b）所示。

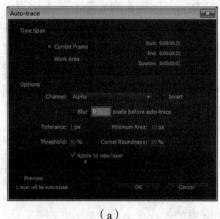

（a）

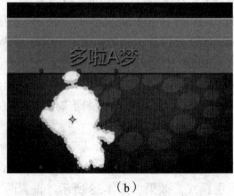

（b）

图 4-39

（3）选择 Auto-traced 1.psd 层，右击该层，在弹出的快捷菜单中选择 Effects（特效）|
Generate（生成）| Stroke（描边）命令，为该层添加描边特效。在 Effect Controls（特效控
制）面板中设置描边特效的 Paint Style（绘画类型）参数值为 On Transparent（在透明层上）。
设置时间线从 0:00:00:10 至 0:00:01:11，End（结束点）属性值由 0% 变化至 100%，制作逐
渐描边动画效果；同理，设置时间线从 0:00:02:10 至 0:00:02:24，End（结束点）属性值由
100% 变化至 0%，制作描边逐渐消失动画效果。

（4）选择 "1.psd" 层，按 T 键展开该层的 Opacity（不透明度）属性，设置从 0:00:00:23
至 0:00:01:11，Opacity 属性值由 0% 变化至 100%，制作渐显动画效果；同理，制作从 0:00:02:10
至 0:00:02:24 的逐渐消失动画。

（5）其他卡通图像层的制作方法同上，具体参数设置可参照源文件。

4.4 项目小结

本项目通过遮罩的形变动画来实现变化的色块条，体现了本项目的主要内容——遮罩
的强大功能。遮罩是所有合成的基础，它使合成效果更加丰富多彩，让画面有了更多绚丽
的变化，所以，为了做出更有层次的画面效果，就必须加强对遮罩的练习，熟练地掌握遮
罩的创建、遮罩的模式、遮罩的属性等知识。

项目 5 《生活在线》栏目片头制作

5.1 项目描述及效果

1. 项目描述

《生活在线》栏目主要是向观众展示与我们生活息息相关的大事、小事、感人的事，是贴近生活的栏目。本项目主要通过一个立方体盒子的几个面来展示有代表性的新闻图片，并配有文字解读。通过摄像机镜头动画来展示各个面的新闻图片，配色采用暖暖的橙色，使之更接近生活。

2. 项目效果

本项目效果如图 5-1 所示。

图 5-1

5.2 项目知识基础

5.2.1 三维动画环境

1. 三维空间

现实中的所有物体都处于一个三维空间中，所谓三维空间，是在二维的基础上加入深度的概念而形成的。例如，一张纸上的画，它并不具有深度，无论怎样旋转、变换角度，都不会产生变化，它只是由 X、Y 两个坐标轴构成。

事实上，现实中的对象都是具有三维空间中的立体造型的，旋转对象或者改变观察视角时，所观察到的内容将有所不同，如图 5-2 所示。

图 5-2

实际上，纸上的画相对于纸来说，处于一个二维空间。但是这张纸却仍然是处于三维空间中的，它也是一个三维物体，只不过厚度很薄而已，如图 5-3 所示。

图 5-3

三维空间中的对象会与其所处的空间互相发生影响，例如，产生阴影、遮挡等，而且由于观察视角的关系，还会产生透视聚焦等影响，即平常所说的近大远小、近实远虚等感觉。要想让作品三维感强，将上述三维特征加强、突出，甚至夸张即可达到目的。

After Effects 与三维建模软件不同，它虽然具有三维空间的合成功能，但是它只是一个特效合成软件，并不具备三维建模之类的高级功能。所有的层都像上述例子中的画纸，只是在原有的二维层的基础上，添加了层在纵深轴（Z 轴）上运动的可能，可以改变其三维空间中的位置、角度等，并提供了摄像机和灯光等三维辅助工具。

2. 三维合成的工作环境

（1）转换成三维层

除了声音层以外，所有素材层都可以实现三维层功能。将一个普通的二维层转换为三维层，只需要在层属性开关面板打开 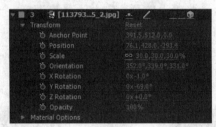（3D 开关）即可，展开层属性就会发现变换属性中无论是轴心点属性、位移属性、缩放属性还是旋转属性，都出现了 Z 轴向参数信息，另外还新添加了 Material Options（材质选项）属性，如图 5-4 所示。

图 5-4

（2）三维视图

在三维空间里摆放物体需要具有良好的三维空间感，在制作过程中，往往会由于各种原因导致视觉错觉，无法仅通过透视图的观察正确判断当前三维对象的具体空间状态，所以往往需要借助更多的视图作为参照。

在 Composition（合成）窗口中，可以通过 Active Camera ▼（三维视图）下拉菜单，在各个视图模式中进行切换，这些模式大致分为 3 类：正交视图、摄像机视图和自定义视图。

● 正交视图

正交视图包括 Front（前视图）、Left（左视图）、Top（顶视图）、Back（后视图）、Right（右视图）和 Bottom（底视图），其实就是以垂直正交的方式观看空间中的 6 个面。在正交视图中，长度尺寸和距离是以原始数据的方式呈现，从而忽略掉了透视所导致的大小变化，这意味着在正交视图中观看立体物时没有透视感，如图 5-5 所示。

图 5-5

● 摄像机视图

摄像机视图是从摄像机的角度，通过镜头去观看空间，与正交视图不同的是，这里描绘出的空间和物体是带有透视变化的视觉空间，非常真实地再现近大远小、近长远短的透视关系。

在默认情况下是没有 Camera 视图的，如果没有建立任何摄像机，此菜单选项将不出现，一旦建立了摄像机后，在菜单中将以摄像机的名称出现，就可以在 Camera 中对摄像机进行调整，以改变视角。

Active Camera 视图是当前激活的摄像机视图，也就是当前时间位置被启用的摄像机层的视图。

● 自定义视图

Custom Views（自定义视图）是从几个默认的角度观看当前空间，可以通过 Tools（工具）栏中的摄像机视图工具调整其角度，不过自定义视图并不要求合成项目中必须有摄像机，当然也不具备通过镜头设置带来的景深、广角等观看空间方式，可以仅仅理解为 3 个可自定义的标准透视视图。

5.2.2 操作 3D 对象

1. 3D 对象操作

当对象的 3D 开关打开后，系统自动在对象上显示三维坐标。红色坐标代表 X 轴，即水平方向的操作。绿色坐标代表 Y 轴，即垂直方向的操作。蓝色坐标代表 Z 轴，即三维空间中的深度操作。

当在工具箱中选择一种操作工具对三维对象进行操作时，鼠标指针移动到对象坐标轴上，系统会自动显示当前轴坐标参数。例如，鼠标指针在 Y 轴上，即会显示 Y，这有助于进行精确操作。如果仅仅将鼠标指针指向层，而非坐标轴，则层会根据鼠标移动状态，同时在 3 个轴向上移动对象。

当在二维模式下进行合成时，层是没有空间感的，所以系统总是优先显示处于上方的层。但在三维模式下进行合成时，由于增加了深度空间的概念，所以系统以层在空间中的前后位置显示对象。例如，在时间线窗口中，层 A 在层 B 之上，但是在三维空间中，层 A 在层 B 后面的位置，则实际显示效果是层 B 遮挡层 A，与层在时间线窗口中的排列顺序无关，如图 5-6 所示。但是如果两个层重叠在一起，则还是以时间线窗口中的排列顺序来显示。

图 5-6

在默认情况下，层在 Z 轴上的坐标为 0。负值则层往前进，离观察点越近。正值则往后退，离观察点越远。当然，如果是摄像机从后面进行观察，则刚好相反。

（1）位移

当为 3D 层记录了位移动画后，系统会自动产生位移路径。同二维合成不同，此时产生的路径是三维空间中的位移路径，具有 X、Y、Z 共 3 个轴。

为 3D 层建立位移动画后，可以发现，层在路径上移动时，总是朝着一个方向。可以使用 Auto-Orientation（自动定向）工具，使对象自动定向到路径。在二维层位置变化过程中，激活此属性可以使层在运动时始终保持运动朝向。在三维层运动的过程中不仅能保持运动朝向，甚至可以使三维层在运动的过程中，始终朝向摄像机。选中层，选择菜单命令 Layer（层）| Transform（变换）| Auto-orient（自动定向），激活 Auto-Orientation 功能，如图 5-7 所示。

图 5-7

- Off：关闭此功能。
- Orient Along Path：自动调整旋转属性以适应运动朝向。
- Orient Towards Camera：自动调整旋转属性使层始终朝向摄像机。

如果适应 Auto-Orientation 功能的对象是摄像机或者灯光层，则对话框的 Orient Towards Camera 会自动变成 Orient Towards Point of Interest（自动朝向目标点），如果选择此项，摄像机或者灯光层在运动过程中将始终自动朝向目标点，如图 5-8 所示。

图 5-8

（2）旋转

在制作三维对象的选择动画时，既可以通过 Orientation（方向）属性实现，也可以通过 Rotation（旋转）属性实现。可以在工具箱的下拉菜单中进行两种方法的切换设置，如图 5-9 所示。

图 5-9

在 Orientation 旋转方式下，该参数同时控制系统的 3 个轴。可以激活参数对象或锁定坐标轴在某一个轴向上进行旋转，如图 5-10 所示。但是当记录动画时，该参数根据插值方式对 3 个轴同时动画。

图 5-10

在 Rotation 旋转方式下，记录旋转动画时，可以分别对 X、Y、Z 轴记录动画，产生复杂动画效果。

在实际创作中，可能用户觉得使用 Orientation 方式更容易控制旋转，因为 Orientation 方式的插值运算更快捷，会综合考虑 3 个轴向的旋转信息，因此产生的旋转动画就很自然。不过，使用 Orientation 方式却不能沿着某个轴向进行圈数的设定，有一定的局限性。虽然 Rotation 方式可以方便地指定某个轴向的选择圈数，但是整体操作上有一定的困难。究竟使用哪一个要视情况而定，这两种方式各有利弊。不过，建议不要同时使用这两种方式制作旋转动画，否则容易导致混乱。

2. 多视窗操作

在三维场景中，After Effects 可以建立多个视窗，以一般三维软件的方式将窗口按照正视图、右视图和透视图的方式进行排列，也可以根据需要或习惯将主要视图放置为最大视窗，辅助窗口放置为次要视窗位置。切换方式是通过在 Composition（合成）窗口中的 Select View Layout（选择视图布局）下拉菜单继续选择，如图 5-11 所示。

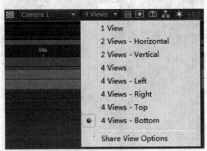

图 5-11

- 1 View：仅仅显示一个视图。
- 2 Views-Horizontal：同时显示两个视图，以水平方式排列。
- 2 Views-Vertical：同时显示两个视图，以垂直方式排列。
- 4 Views：同时显示 4 个视图。

- 4 Views-Left：同时显示 4 个视图，其中主视图在右边。
- 4 Views-Right：同时显示 4 个视图，其中主视图在左边。
- 4 Views-Top：同时显示 4 个视图，其中主视图在下边。
- 4 Views-Bottom：同时显示 4 个视图，其中主视图在上边。

其中每个分视图都可以在被激活后，用 3D View Popup（3D 视图弹出）命令更换具体观测角度，或进行视图显示设置等，如图 5-12 所示。

图 5-12

通过选择图 5-11 下拉菜单中的 Share View Options（共享视图选项），可以让多视图共享同样的视图设置，例如，安全框显示选项、网格显示选项和通道显示选项等。

5.2.3 灯光的应用

在 After Effects 中，可以创建一个或多个灯光来照明三维场景，并且可以像现实之中那样调整这些灯光，不过这些灯光并不会呈现实体。

1. 灯光的创建

默认情况下，合成项目中并没有照明灯。在合成图像或时间线窗口中右击，在弹出的快捷菜单中选择 New（新建）| Light（灯光）命令，打开灯光设置对话框进行设置，如图 5-13 所示。

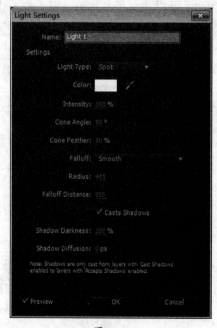

图 5-13

在 Name 栏中需要指定照明灯名称。默认状态下，合成图像中的照明灯以照明灯建立的先后顺序从 1 开始命名。例如，Light1、Light2、Light3……可以在时间线窗口为灯光层改名，方法与为层改名相同。

（1）灯光类型

在 Light Type（灯光类型）下拉列表中可以选择一种照明灯类型。After Effects 提供了 4 种照明灯，分别是：Parallel（平行光）、Spot（聚光灯）、Point（点光源）和 Ambient（环境光）。

● Parallel（平行光）

可以将平行光理解为太阳光，它有无限的光照范围，可以照亮场景的任何地方，并没有因为距离而衰减，还可以投射阴影并且是有方向性的，如图 5-14（a）所示。

● Spot（聚光灯）

Spot 是从一个点向前以圆锥形发射光线，根据圆锥的角度确定照射范围，可以通过 Cone Angle（圆锥角度）栏进行设置。这种灯光很容易生成有光照区域和无光照区域，同样具有阴影和鲜明的方向性，如图 5-14（b）所示。

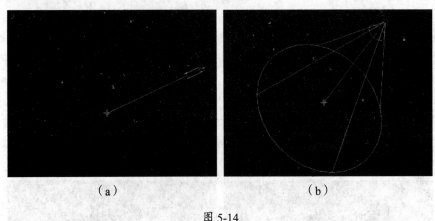

（a）　　　　　　　　　　　　　（b）

图 5-14

● Point（点光源）

点光源是从一个点向四周 360°发射光线，随着对象与光源的距离不同，受光程度也会不同。距离越近，光照越强；距离越远，光照越弱，由近至远光照衰减，此灯光也会产生阴影，如图 5-15（a）所示。

● Ambient（环境光）

环境光没有光线发射点，也没有方向性，并且不产生投影，但可以通过它调整整个画面的亮度；和三维层的材质属性的 Ambient（环境）配合，可以影响其环境色，环境光经常与其他灯光配合使用，如图 5-15（b）所示。

（2）设置灯光参数

选择灯光类型后，有必要对灯光的一些参数进行设置。选择的灯光不同，可供设置的参数也有所不同。

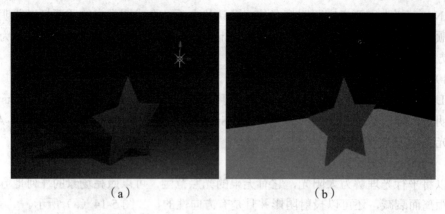

（a）　　　　　　　　　　（b）

图 5-15

- Color（色彩）

可以在颜色栏中设置灯光颜色。默认情况下，灯光为白色，可以在颜色选取对话框中选取需要的颜色。

- Intensity（强度）

光照强度设置，值越高，光照就越强，场景就越亮。当灯光强度为 0 时，场景变黑。如果设置为负值，则可以产生吸光效果，当场景中有其他灯光时，可以通过此功能降低场景中的光照强度。

- Cone Angle（灯罩角度）

当灯光类型选择为 Spot（聚光灯）时，此参数被激活，相当于聚光灯的灯罩，可以用来控制光照范围和方向。角度越大，光照范围越广。如图 5-16（a）所示为较小的灯罩角度的效果，图 5-16（b）为角度较大的效果。

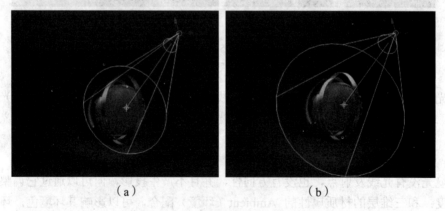

（a）　　　　　　　　　　（b）

图 5-16

- Cone Feather（灯罩羽化）

该选项同样仅对 Spot（聚光灯）有效，为聚光灯照射区域设置一个柔和边缘。默认情况下，该数值为 0，照射区和非照射区交界线生硬而明显，如图 5-17（a）所示；设置值越大，边缘过渡就越柔和，如图 5-17（b）所示。

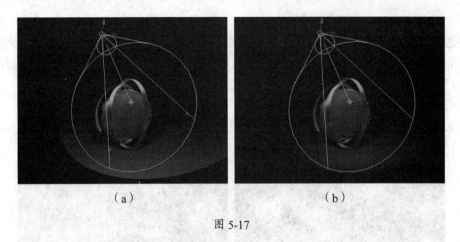

（a）　　　　　　　　　　　　　（b）

图 5-17

- Fall off（衰减）

该选项同样仅对 Spot（聚光灯）有效，为聚光灯照射区域设置光照衰减，如图 5-18（a）所示是在 Fall off 下拉菜单中选择 None，没有衰减的效果，图 5-18（b）是选择 Smooth（光滑）后的光滑衰减效果。其中 Radius（半径）可以设置衰减的半径，Fall off Distance（衰减距离）可以设置衰减的距离，如图 5-19 所示是不同衰减半径的效果图。

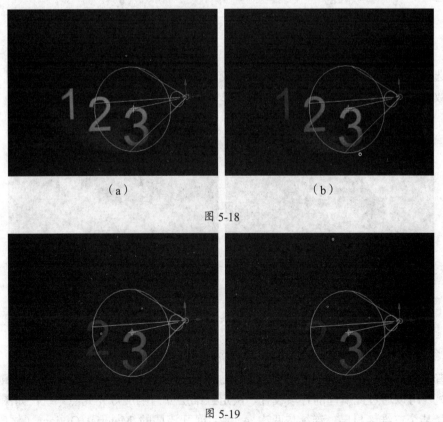

（a）　　　　　　　　　　　　　（b）

图 5-18

图 5-19

● Casts Shadows（投射投影）

该选项决定灯光是否会在场景中产生投影。需要注意的是，要同时打开被灯光照射的三维层的材质属性中的 Casts Shadows 选项才可以产生投影，而且在默认状态下，材质属性的 Casts Shadows 选项是关闭状态。

● Shadow Darkness（投影深度）

该选项用于控制阴影的黑暗程度。较小的数值会产生颜色较浅的投影，如图 5-20（a）所示，较高的数值产生深色投影，如图 5-20（b）所示。

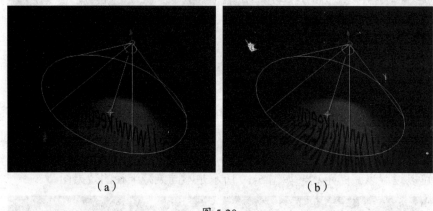

（a）　　　　　　　　　　　（b）

图 5-20

● Shadow Diffusion（投影扩散）

该选项用于设置阴影的边缘羽化程度，较低的数值产生的投影边缘较硬，如图 5-21（a）所示；数值越高，边界越自然柔和，如图 5-21（b）所示。

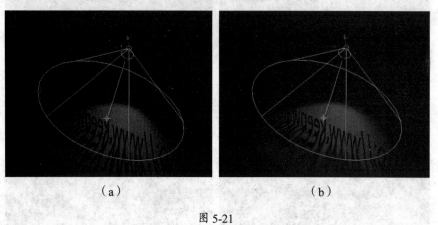

（a）　　　　　　　　　　　（b）

图 5-21

2. 层的材质属性

当普通的二维层转化为三维层时，还添加了一个全新的属性——Material Options（材质选项），可以通过此属性的各项设置，决定三维层如何响应灯光光照系统，如图 5-22 所示。选择某个三维素材层，连续按两次 A 键，展开该层的 Material Options（材质选项）属性。

图 5-22

（1）Casts Shadows（投射投影）

该选项决定了当前层是否产生投影，其中包括 Off（不投射）、On（投射）和 Only（只有投影）3 种模式。

（2）Light Transmission（光线传导）

该选项决定当前层的透光程度，可以体现半透明物体在灯光下的照射效果，主要效果体现在阴影上，如图 5-23（a）所示 Light Transmission 值为 0%，图 5-23（b）中 Light Transmission 值为 80%，产生彩色投影效果。

（3）Accepts Shadows（接受投影）

该选项决定当前层是否接受投影，此属性不能制作关键帧动画。

（4）Accepts Lights（接受灯光）

该选项决定当前层是否接受场景中的灯光影响，关闭该选项，当前层不受灯光影响，此属性不能制作关键帧动画。

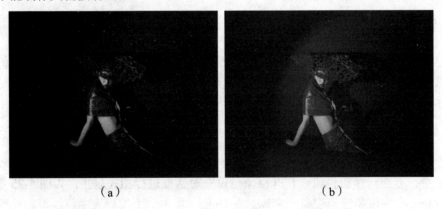

（a） （b）

图 5-23

（5）Ambient（环境）

该选项调整三维层受 Ambient 类型灯光影响的程度。Ambient 参数为 100%，完全受 Ambient 类型灯光影响；Ambient 参数为 0%，完全不受 Ambient 类型灯光的影响。

（6）Diffuse（漫反射）

该选项调整当前层的漫反射程度。如果设置为 0%，则不反射光，如图 5-24（a）所示；如果为 100%，将反射大量的光，如图 5-24（b）所示。

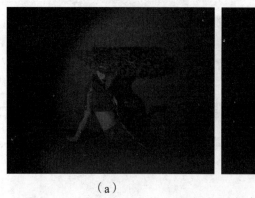 

（a）　　　　　　　　　　　（b）

图 5-24

（7）Specular Intensity（镜面反射强度）

该选项控制当前层的镜面反射程度。当灯光照到镜子上时，镜子会产生一个高光点。调整该参数，可以控制层的镜面反射级别。数值越高，反射级别越高，产生的高光点越明显。

（8）Specular Shininess（镜面反射发光）

该选项控制当前层高光点的大小。该参数仅当 Specular Intensity 不为 0 时有效。数值越高，则高光越集中；数值越小，高光范围越大。

（9）Metal（金属）

该选项调节 Specular 反射的光的颜色。值越接近 100%，就会越接近图层的颜色；值越接近 0%，就会越接近灯光的颜色。

5.2.4　摄像机的应用

在 After Effects 中，可以通过一个或多个摄像机来观看整个合成空间，摄像机模拟了真实摄像机的各种光学特性，并且可以超越真实摄像机相关的三角架和重力等条件的制约，在空间中任意游走。

1. 摄像机的建立

在合成图像或时间线窗口中右击，在弹出的快捷菜单中选择 New（新建）| Camera（摄像机）命令，新建一个摄像机，打开摄像机设置对话框进行相关设置，如图 5-25 所示。

在 Name 栏中可指定摄像机的名称。在 Units（单位）下拉列表中可以指定设置中各项参数所使用的单位，如 pixels（像素）、inches（点）或者 millimeters（毫米）。在 Measure Film Size 下拉列表中可以选择摄像机如何计算胶片尺寸。可以使用 Horizontally（水平）、Vertically（垂直）或者 Diagonally（对角）计算胶片尺寸。

（1）镜头设置

在 Preset 下拉列表中可以选择摄像机所使用的镜头类型。After Effects 提供了 9 种常用的摄像机镜头，有标准的 35mm 镜头、15mm 广角镜头和 200mm 长焦镜头以及自定义镜头等。

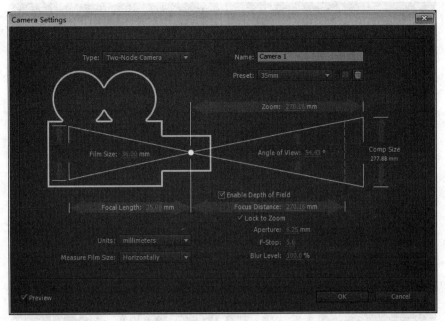

图 5-25

15mm 广角镜头具有极大的使用范围，类似于鹰眼的视野。由于视野范围大，可以看到非常广阔的空间，但是会产生较大的透视变形，如图 5-26（a）所示为摄像机和拍摄对象的位置，图 5-26（b）为摄像机拍到的结果。

（a）　　　　　　　　　　　（b）

图 5-26

200mm 长焦镜头类似于鱼眼的视野，其视野范围极小，只能观察到极狭小的空间，但是几乎不会产生透视变形，如图 5-27（a）所示为摄像机和拍摄对象的位置，图 5-27（b）为摄像机拍到的结果。

35mm 的标准镜头类似于人眼视角，如图 5-28（a）所示为摄像机和拍摄对象的位置，图 5-28（b）为摄像机拍到的结果。

还可以通过设置 Zoom（变焦）、Angle of View（视角）、Film Size（胶片尺寸）和 Focal Length（焦距）自定义摄像机镜头。

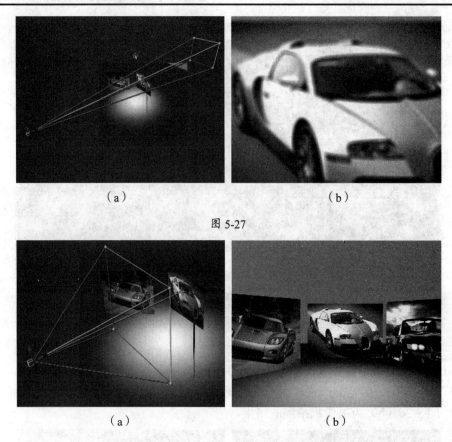

图 5-27

图 5-28

- Zoom：设置摄像到图像的距离。值越大，通过摄像机显示的图层的大小就越大，视野也就相应地减小。
- Angle of View：视角设置。角度越大，视野越宽，接近于广角镜头；角度减少，视野越窄，接近于长焦镜头。调整此参数，会影响 Focal Length、Film Size 和 Zoom 的值。
- Film Size：胶片尺寸，这里指的是通过镜头看到的图像实际的大小。设置值越大，视野越大。
- Focal Length：焦距设置，指的是胶片和镜头之间的距离。焦距越短，越接近于广角镜头；焦距越长，越接近于长焦镜头。

（2）聚焦效果

After Effects 支持摄像机的镜头聚焦效果，如同真实世界一样，由于镜头的聚焦点不同，会出现远近虚实不同的效果。

可以通过在 Camera Settings（摄像机设置）中打开 Enable Depth of Field（启用场深度）选项，产生镜头聚焦效果，如图 5-29 所示。

Focus Distance（焦点距离）：确定从摄像机开始，到图像最清晰位置的距离。焦点处总是最清晰的，然后根据聚焦的像素半径进行模糊。在时间线窗口上调节 Focus Distance 的值，随之移动的框即为焦点范围框。焦点范围框落在后面图片层上，配合 Aperture 和 Blur

Level 可以得到前景模糊，背景清晰的效果，如图 5-30（a）所示。焦点范围框落在前面图片层上，配合 Aperture 和 Blur Level 可以得到前景清晰，背景模糊的效果，如图 5-30（b）所示。

图 5-29

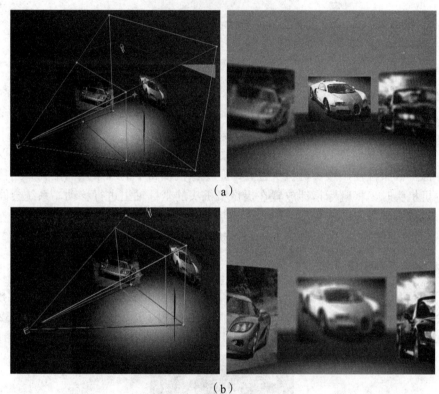

（a）

（b）

图 5-30

- Lock to Zoom（锁定焦点）：系统可以将焦点锁定到镜头。这样，在改变镜头视角时，焦点始终与其共同变化，使画面总是保持相同的聚焦效果。
- Aperture（光圈）：设置光圈的大小。设置值越大，前后图像模糊的范围越大。
- F-Stop（快门速度）：此参数与 Aperture 是互相影响的，同样影响景深模糊程度。
- Blur Level（模糊程度）：控制景深模糊程度。数值越高，模糊度越高。该参数为 0 时，不产生模糊效果。

2. 调整摄像机的变化属性

摄像机具有 Point of Interest（目标点）、Position（位置）以及 Rotation（旋转）等变

化属性。要调节摄像机的变化属性，必须首先选择摄像机，但是无法在摄像机视图中选择当前摄像机，在 Custom View（自定义视图）中调整摄像机比较方便。摄像机构成图如图 5-31 所示。

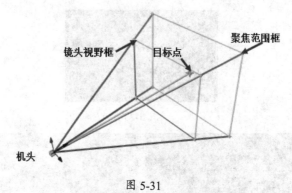

图 5-31

- Point of Interest：摄像机以目标点为基准观察对象，当移动目标点时，观察范围即会随着发生变化。但是当使用自动定向，使摄像机自动定向到路径时，系统忽略目标点。
- Position：位置参数为摄像机在三维空间中的位置参数。调整该参数，可以移动摄像机机头位置，摄像机机头位置即是摄像机视图中的观察点的位置。当移动摄像机机头时，将鼠标指针放置在摄像机机头的坐标轴上进行移动，系统会同时移动目标点和摄像机机头；按住 Ctrl 键后在坐标轴上移动时，可以固定目标点。将鼠标指针放置在摄像机机头上进行移动时，系统仅移动机头位置。

3. 利用工具移动摄像机

在 Tools（工具）面板中有 4 个摄像机工具，在当前摄像机工具上按下鼠标左键稍等一会儿，就会弹出其他摄像机工具选项，通过按 C 键可以实现工具之间的切换，如图 5-32 所示。需要注意的是，使用摄像机工具调整摄像机视图时，一定要切换到相应的摄像机视图里观察。

图 5-32

Orbit Camera Tool：以目标点为中心，旋转摄像机工具。选择该工具，将鼠标指针移动到摄像机视图中，左右拖动鼠标，可水平旋转摄像机视图；上下拖动鼠标，可垂直旋转摄像机视图。

Track XY Camera Tool：在垂直方向和水平方向平移摄像机工具。选择该工具，将鼠标指针移动到摄像机视图中，左右拖动鼠标，可水平移动摄像机视图；上下拖动鼠标，可垂直移动摄像机视图。

Track Z Camera Tool：拉近、推远摄像机镜头工具，也就是让摄像机在 Z 轴向上平移的工具。

Unified Camera Tool：统一摄像机工具。用鼠标左键拖动时为旋转摄像机工具；用鼠标右键拖动时为拉近、推远摄像机镜头工具；用鼠标中间键拖动时为平移摄像机工具。

5.2.5　光线追踪 3D 合成

1．光线追踪 3D 渲染器简介

After Effects CS6 不同于以前的版本，它同时提供 Classic 3D（经典 3D）渲染器和 Ray-traced 3D（光线追踪 3D）渲染器。光线追踪 3D 渲染器与当前的扫描线渲染器截然不同，除了现有的材质选项外，还可以处理反射、透明度、折射率和环境映射。现有的功能（例如，柔和阴影、运动模糊、景深模糊、字符内阴影、以任何光照类型将图像投影到表面上以及插入图层）仍受支持。

2．光线追踪 3D 渲染器的限制

- 混合模式。
- 轨道遮罩。
- 图层样式。
- 持续栅格化图层上的蒙版和效果，包括文本和形状图层。
- 带收缩变化的 3D 预合成图层上的蒙版和效果。
- 保留基础透明度。

3．光线追踪 3D 渲染的应用——3D 文本制作

（1）在项目窗口中新建"3D 文本"合成，PAL D1/DV 制式，时长为 3 秒。在 Composition Setting（合成设置）对话框中切换到 Advanced（高级）标签中，单击 Renderer（渲染器）按钮弹出下拉列表，选择 Ray-traced 3D（光线追踪 3D），如图 5-33（a）所示。单击 OK 按钮后弹出如图 5-33（b）所示的 Alert（警告）对话框，单击 OK 按钮。

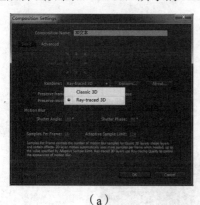
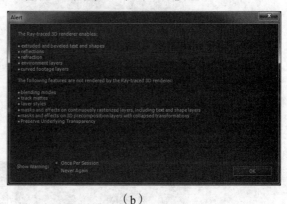

（a）　　　　　　　　　　　　　　　（b）

图 5-33

（2）在"3D 文本"合成中新建白色固态层，打开该层的 3D 开关。按 R 键展开该层的 Rotation（旋转）属性，设置 X Rotation（X 轴旋转）值为 90；按 S 键展开该层的 Scale（缩放）属性，设置属性值为 200%。新建 50mm 的 Camera（摄像机）图层，单击工具栏

中的 ◉ 按钮调整摄像机视角，如图 5-34 所示。

图 5-34

　　（3）新建文字图层，输入红色文字 AFTER EFFECTS，字体为 Arial Rounded MT Bold，大小为 76，打开文字图层的 3D 开关，调整其 Y 轴的 Position（位置），如图 5-35（a）所示。

　　（4）展开文字层的属性，设置 Geometry Options（几何选项）属性栏下的 Extrusion Depth（凸出深度）属性值为 30，如图 5-35（b）所示，其中 Bevel Style（斜面样式）是调整斜面的样式，Bevel Depth（斜面深度）是调整斜面的大小，Hole Bevel Depth（洞斜面深度）是调整图像内层部分的斜面的大小。新建 light（灯光）图层，参数设置如图 5-36（a）所示，调整点光源的位置，效果如图 5-36（b）所示。

（a）　　　　　　　　　　（b）

图 5-35

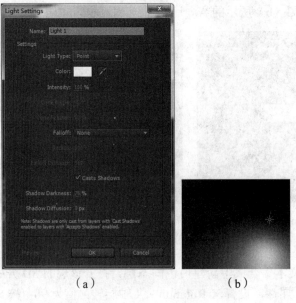

（a）　　　　　　（b）

图 5-36

（5）最后，展开文本图层的 Material Options（材质选项），开启 Casts Shadows（投射投影），最终效果如图 5-37 所示。

图 5-37

5.3　项目实施

5.3.1　导入素材

（1）首先，启动 After Effects CS6，选择 Edit（编辑）| Preferences（首选项）| Import（导入）菜单命令，打开 Preferences（首选项）对话框，设置 Still Footage（静态脚本）的导入长度为 23 秒。

（2）在 Project（项目）窗口中双击，打开 Import File（导入文件）对话框，选择"素材与源文件\Chapter 5\Footage"文件夹中的 tu-1.jpg～tu-6.jpg、蒙版.jpg 和 bg.jpg 文件，在 Import Kind（导入类型）下拉列表中选择 Footage（脚本）选项，将素材导入。用同样的方法将 1.psd 和 arrow.psd 以 Footage（素材）方式导入。

5.3.2　舞台素材准备

（1）在 Project(项目)窗口中的空白处右击，在弹出的快捷菜单中选择 New Composition（新建合成）命令，在打开的 Composition Settings（合成设置）对话框中进行设置，新建"舞台"合成，如图 5-38 所示。

图 5-38

（2）在"舞台"项目中的空白处右击，在弹出的快捷菜单中选择 New | Solid 命令，新建名称为"线"的黑色固态层，尺寸大小同"舞台"合成。

（3）选择"线"固态层，双击工具栏的 （矩形遮罩工具）按钮，按两次 M 键展开 Mask（遮罩）属性，单击 Mask Path（遮罩路径）右侧的 Shape（形状）按钮，打开 Mask Shape（遮罩形状）对话框，设置遮罩的大小，如图 5-39 所示。

图 5-39

（4）选择"线"固态层并右击，在弹出的快捷菜单中选择 Effect （特效）| Noise & Grain（杂点&颗粒） | Fractal Noise（分形噪波）命令，为固态层添加分形噪波特效，在 Effect Controls（特效控制）面板中设置 Contrast（对比度）为 385，Brightness（亮度）为 66，展开 Transform（变换）属性，取消选中 Uniform Scaling（统一尺寸）复选框，设置 Scale Width（宽）为 1200，Scale Height（高）为 5，如图 5-40 所示。

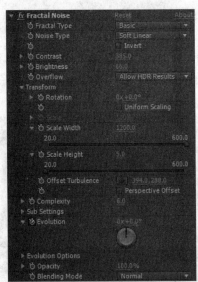

图 5-40

（5）选择"线"固态层，将时间线拖至起始端，单击 Fractal Noise 特效 Evolution（演化）属性前的关键帧开关，将时间线拖至结束端，设置该属性为 4x+0.0，制作 Evolution 关键帧动画。

(6)选择"线"固态层并右击,在弹出的快捷菜单中选择 Effects(特效)| Blur & Sharpen (模糊&锐化)　| Directional Blur(方向模糊)命令,为固态层添加方向模糊特效,参数设置如图 5-41 所示。

图 5-41

(7)选择"线"固态层并右击,在弹出的快捷菜单中选择 Effects(特效)| Distort(扭曲)　| CC Bend It(CC 弯曲)命令,为固态层添加 CC 弯曲效果,参数设置如图 5-42 所示。

图 5-42

(8)同理,新建橙色固态层"圆",为"圆"固态层添加圆形遮罩,如图 5-43 所示。

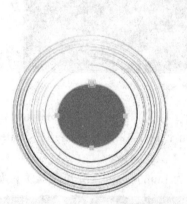

图 5-43

(9)在"舞台"合成中的空白处右击,在弹出的快捷菜单中选择 New | Adjustment Layer 命令,新建调节层,右击调节层,在弹出的快捷菜单中选择 Effects(特效)| Color Correction (颜色校正)| Hue/Saturation(色相/饱和度)命令,为调节层添加色度/饱和度特效,在 Effect Controls(特效控制)面板中选择 Colorize(彩色化)复选框,参数设置如图 5-44 所示。

图 5-44

5.3.3 正方体素材准备

（1）在 Project（项目）窗口中的空白处右击，在弹出的快捷菜单中选择 New Composition 命令，在打开的 Composition Settings（合成设置）对话框中进行设置，新建 face1 合成，如图 5-45 所示。

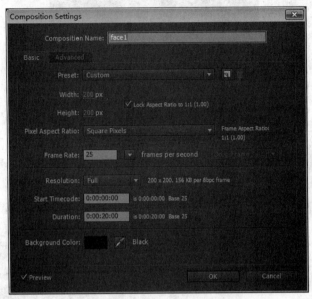

图 5-45

（2）将 Project（项目）窗口的"蒙版.jpg"素材和 tu-1.jpg 素材拖至 face1 合成窗口中，"蒙版.jpg"层在 tu-1.jpg 层的上方。选择 tu-1.jpg 层并按 S 键展开其 Scale（缩放）属性，设置 Scale 值为（41%,41%）。

（3）设置 tu-1.jpg 层以"蒙版.jpg"层为 Luma Matte（亮度蒙版），如图 5-46 所示。

图 5-46

（4）新建灰色固态层放置在该合成的最下端。同理制作 face2～face6 合成。

5.3.4 文字制作

（1）在 Project（项目）窗口中的空白处右击，在弹出的快捷菜单中选择 New Composition 命令，在打开的 Composition Settings（合成设置）对话框中进行设置，新建 wenzi1 合成，如图 5-47 所示。

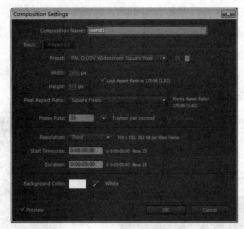

图 5-47

（2）将 Project（项目）窗口的 arrow.psd 素材拖至 wenzi1 合成中，选择 arrow.psd 层，按 S 键展开其 Scale（缩放）属性，设置缩放值为（27%,27%），在弹出的快捷菜单中选择 Effects（特效）| Color Correction（颜色校正）| Hue/Saturation（色相/饱和度）命令，为调节层添加色相/饱和度特效。在 Effect Controls（特效控制）面板中选中 Colorize（彩色化）复选框，参数设置如图 5-48 所示。

图 5-48

（3）按 P 键展开其 Position（位置）属性，单击 Position 属性左侧的关键帧开关，在 0 秒处设置 Position 数值为（-51,114），设置 1 秒处 Position 数值为（602,114）。

（4）选择 arrow.psd 层，选择 Layer（图层）| Pre-compose（重组）菜单命令，重组该层，具体设置如图 5-49 所示。

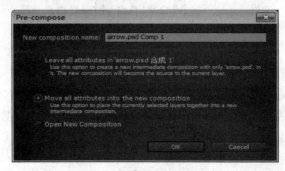

图 5-49

（5）选择 arrow.psd Comp 1 层，右击该层，在弹出的快捷菜单中选择 Effects（特效）| Time（时间）| Echo（拖尾）命令，为该层添加 Echo 特效，参数设置如图 5-50（a）所示。按 P 键展开该层的 Position（位置）属性，设置参数值为（543,250），按 S 键展开该层的 Scale（缩放）属性，设置参数值为（89%,89%）。

（6）在合成中输入黑色文字"感人的事"，在 Character 面板中设置字体为 Microsoft YaHei，字号为 50px，参数设置如图 5-50（b）所示。

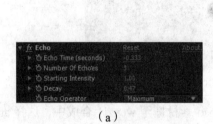

（a）　　　　　　　　　　　　　　　　（b）

图 5-50

（7）打开"感人的事"文字层的三维开关，按 P 键展开该层的 Position（位置）属性，设置其值为（681,114,0）。按 R 键展开该层的 Rotation（旋转）属性，拖动时间线至 1 秒处，单击 X Rotation 属性左侧的关键帧开关，设置 X Rotation 的值为 0x-84，拖动时间线至 1 秒 10 帧处，设置 X Rotation 的值为 0x-0。

（8）在合成中输入黑色文字 Moving things，设置字号为 36px，其他参数同"感人的事"文字层。按 P 键展开 Moving things 文字层的 Position（位置）属性，设置其参数值为（679,166）。按 T 键展开该层的 Opacity（不透明度）属性，制作 1 秒至 1 秒 10 帧不透明度由 0 至 100 的关键帧动画。

（9）新建绿色固态层，选择矩形遮罩工具绘制矩形遮罩，并用选择工具拖动右上角控点，调整形状如图 5-51 所示。

图 5-51

（10）选择绿色固态层，右击该层，在弹出的快捷菜单中选择 Effects（特效）| Transition（转场） | Linear Wipe（线性擦除）命令，为该层添加 Linear Wipe（线性擦除）特效，在 Effect Controls（特效控制）窗口中设置 Wipe Angle（擦除角度）参数值为 270，在 1 秒处设置 Transition Completion（转场完成）参数值为 100%，在 1 秒 10 帧处设置 Transition Completion（转场完成）参数值为 0%。

（11）同理制作 wenzi2～wenzi4 合成。

5.3.5 定版画面制作

（1）在 Project（项目）窗口中的空白处右击，在弹出的快捷菜单中选择 New Composition 命令，在打开的 Composition Settings（合成设置）对话框中进行设置，新建"定版"合成，合成设置与"舞台"合成一致，Duration（时长）为 7 秒。

（2）将 Project（项目）窗口的 tu-4.jpg 素材拖至"定版"合成中，按 P 键展开其 Position（位置）属性，设置属性值为（394,254）；选择工具栏的▬（矩形遮罩工具），在该层绘制 3 个矩形遮罩，3 个 Mask 的 Mask Shape（遮罩形状）设置如图 5-52 所示。

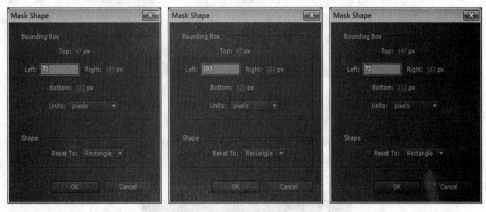

图 5-52

（3）选择 tu-4.jpg 层，右击该层，在弹出的快捷菜单中选择 Effects（特效）| Generate（生成）| Stroke（描边）命令，为该层添加 Stroke（描边）特效，在 Effect Controls（特效控制）窗口中设置其参数，设置如图 5-53（a）所示。选择 tu-4.jpg 层，按 T 键展开该层的 Opacity（不透明度）属性，单击 Opacity 属性左侧的关键帧开关，设置 0 秒其 Opacity 属性值为 0，1 秒处其属性值为 100。

（4）在"定版"合成中新建橙色固态层，选择工具栏的▬（矩形遮罩工具），在该层绘制 3 个矩形遮罩，如图 5-53（b）所示。

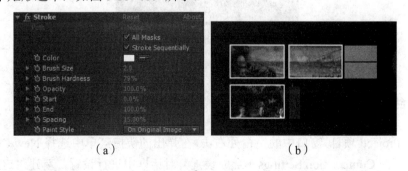

（a） （b）

图 5-53

（5）选择橙色固态层，按两次 M 键展开 Mask 的所有属性，将时间线设置在 0:00:00:18 处，单击上面两个遮罩的 Mask Opacity（遮罩不透明度）属性左侧的关键帧开关，设置当前时间处两个遮罩的 Mask Opacity 属性值为 0%，将时间线设置在 0:00:01:00 处，设置两个遮罩的 Mask Opacity 属性值为 88%。同理，设置下面一个遮罩的 Mask Opacity 在 18 帧到 1 秒处其值从 0%变化到 38%的关键帧动画。

（6）将 Project（项目）窗口的 1.psd 素材拖至"定版"合成中，按 P 键展开该层的 Position（位置）属性，设置其属性值为（421,336），按 Shift+S 快捷键展开其 Scale（缩放）属性，按 Shift+T 快捷键展开其 Opacity（不透明度）属性，在 0 秒处设置 Scale 和 Opacity 属性值为（877%,877%）、0%，在 1 秒处设置属性值为（157%,157%）、100%。

（7）选择 1.psd 层，按 Ctrl+D 快捷键复制该图层，按 S 键展开该层的 Scale（缩放）属性，单击两个关键帧的长宽缩放链接按钮 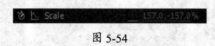，设置两个关键帧处 Scale 的 Y 轴缩放值为负值，实现垂直翻转（注意要取消原有的链接开关），如图 5-54 所示。按 P 键展开其 Position 属性，设置属性值为（421,400）。

图 5-54

（8）选择复制层，选择工具栏中的 ▇（矩形遮罩工具）在该层绘制如图 5-55 所示的矩形遮罩，按两次 M 键展开 Mask（遮罩）属性，单击 Mask Feather（遮罩羽化）属性右侧的链接标识 ▱，取消长宽羽化链接，设置其羽化值，效果如图 5-55（a）所示，参数设置如图 5-55（b）所示。

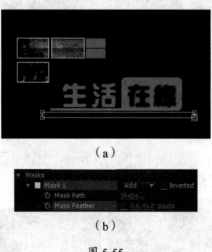

（a）

（b）

图 5-55

5.3.6 最终合成

（1）在 Project（项目）窗口中的空白处右击，在弹出的快捷菜单中选择 New Composition 命令，在打开的 Composition Settings（合成设置）对话框中进行设置，新建"定版"合成，Duration（时长）为 23 秒，其他设置同"舞台"合成。

（2）将 Project（项目）窗口的 bg.jpg 素材拖至"场景"合成中，将"舞台"合成从项目窗口中拖至"场景"合成中 bg.jpg 层的上方，打开该层的 3D 开关，设置该层的 Position、

Scale 和 X Rotation 属性值，如图 5-56 所示。

图 5-56

（3）新建 50mm 的 Camera 层，利用图 5-57（a）所示的摄像机工具调整"舞台"层的位置，效果如图 5-57（b）所示。或展开 Camera 1 层设置该层的 Position 属性，如图 5-58 所示。

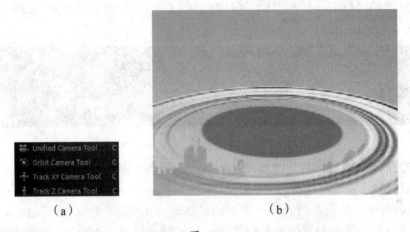

（a）　　　　　　　　　（b）

图 5-57

图 5-58

（4）将 Project（项目）窗口的 face1～face6 合成拖至"场景"合成中的"舞台"层的上方，如图 5-59（a）所示。选择 face1～face6 层，打开 3D 层开关，按 A 键展开其 Anchor Point（轴心点）属性，设置其属性值为（100,100,100）。

（5）选择 face3 层，按 P 键展开 Position（位置）属性，设置其属性值为（394,288,200）。选择 face5 层，按 R 键展开该层的 Rotation（旋转）属性，设置 Y Rotation（Y 轴旋转）属性值为 0x+90；选择 face2 层，按 R 键展开该层的 Rotation（旋转）属性，设置 Y Rotation（Y 轴旋转）属性值为 0x-90；选择 face1 层，按 R 键展开该层的 Rotation（旋转）属性，设置 X Rotation（X 轴旋转）属性值为 0x+90；选择 face6 层，按 R 键展开该层的 Rotation（旋转）属性，设置 X Rotation（X 轴旋转）属性值为 0x-90。通过设置 6 个面组成了正方体，如图 5-59（b）所示。

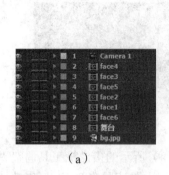
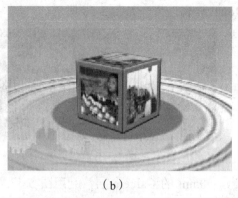

（a） （b）

图 5-59

（6）新建 Null Object（空物体）层，设置 face1～face6 层的父层为 Null 1 层，效果如图 5-60 所示。

图 5-60

（7）选择 Null 1 层，按 P 键展开其 Position（位置）属性，按 Shift+R 快捷键同时展开该层的旋转属性。将时间线移动至 2 秒处，单击 Position、X Rotation、Y Rotation、Z Rotation 左侧的关键帧开关，如图 5-61 所示；将时间线移动至 0 秒处，建立 Position、X Rotation、Z Rotation 关键帧，参数设置如图 5-62 所示。将时间线移动至 4 秒处，设置 Y Rotation 属性值为 2x+0.0。

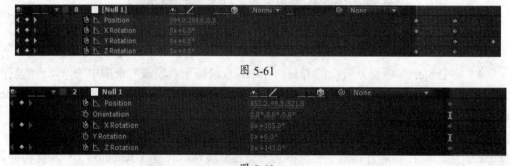

图 5-61

图 5-62

（8）同理设置 Null 1 层的 Position 关键帧。移动时间线至 0:00:17:20 处，单击 Position 属性左侧◄ ♦ ►中间的四方块建立关键帧；移动时间线至 0:00:18:10 处，设置 Position 属性值为（82,288,0），制作引导正方体移出画面之外的动画。

（9）选择 Camera 1 层，展开该层的 Transform 属性，移动时间线至 4 秒处，单击 Point of Interest（目标点）和 Position（位置）属性左侧的关键帧开关，在此处建立关键帧，将时间线移动至 6 秒处，利用摄像机工具调整镜头，或调整 Camera 1 层的 Point of Interest（目标点）和 Position（位置）属性，效果如图 5-63（a）所示，Camera 1 层的属性设置如图 5-63（b）所示。

（a）

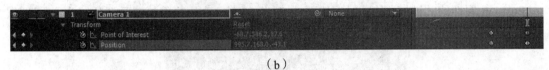

（b）

图 5-63

（10）选择 Camera 1 层，移动时间线至 0:00:07:16 处，单击 ◀◆▶ 中间的四方块建立 Point of Interest 和 Position 属性的关键帧；移动时间线至 0:00:09:05 处，利用摄像机工具调整镜头，或调整 Camera 1 层的 Point of Interest（目标点）和 Position（位置）属性，效果如图 5-64 所示。

图 5-64

（11）同上，移动时间线至 0:00:10:21 处，单击 ◀◆▶ 中间的四方块建立 Point of Interest 和 Position 属性的关键帧，移动时间线至 0:00:12:13 处，利用摄像机工具调整镜头，或调整 Camera 1 层的 Point of Interest（目标点）和 Position（位置）属性，效果如图 5-65 所示。

图 5-65

（12）同上，移动时间线至 0:00:14:07 处，单击◀◆▶中间的四方块建立 Point of Interest 和 Position 属性的关键帧，移动时间线至 0:00:12:13 处，利用摄像机工具调整镜头，或调整 Camera 1 层的 Point of Interest（目标点）和 Position（位置）属性，效果如图 5-66 所示。

图 5-66

（13）移动时间线至 0:00:05:11 处，将 Project（项目）窗口的 wenzi1 合成拖至"场景"合成中 Camera 1 层上方，按"["键将 wenzi1 层的入点移动至时间线处。选择 wenzi1 层，按 P 键展开该层的 Position 属性，设置该属性值为（288,660）；按 T 键展开该层的 Opacity（不透明度）属性，设置该属性从 0:00:07:00 至 0:00:08:00 其值由 100%变化至 0%，制作该层的逐渐消失动画。

（14）同理，将 Project（项目）窗口的 wenzi2、wenzi3 和 wenzi4 合成拖至"场景"合成中 wenzi1 层上方，设置 wenzi2 层的入点为 0:00:07:15；设置 wenzi3 层的入点为 0:00:11:05；设置 wenzi4 层的入点为 0:00:14:05。设置 wenzi2 层的 Position 属性值为（294,460）；设置 wenzi3 层的 Position 属性值为（394,662）。

（15）同理，设置 wenzi2 层的 Opacity（不透明度）属性从 0:00:10:05 至 0:00:10:20 其值由 100%变化至 0%；设置 wenzi3 层的 Opacity（不透明度）属性从 0:00:13:15 至 0:00:14:10

的值由 100%变化至 0%，制作各层的逐渐消失动画。设置 wenzi4 层的 Position（位置）属性从 0:00:17:20 至 0:00:18:10 其值由（314,332）变化至（-490,332），制作文字层左移动画。

（16）将 Project（项目）窗口的"定版"合成拖至"场景"合成中 wenzi4 层的上方，设置入点为 0:00:18:05。

5.4　项目小结

本项目通过调整摄像机来完成各个镜头动画。可以帮助初学者迅速掌握摄像机的应用方法，在最短的时间内熟练操作。通过对本项目的剖析，可启发读者的想象力，将设计理念融会贯通，制作出更精彩的案例。

项目 6　《爱护环境》公益广告制作

6.1　项目描述及效果

1.　项目描述

　　《爱护环境》公益广告主要是通过被污染的环境的图片展示和自然美丽景色的图片展示对比来警示观众要爱护环境，维护美好的自然家园。本项目通过在电视机屏幕中展示美丽的风景画面和污染的图片，来突出自然环境的巨大改变，美景不在，以触动观众内心。用绿叶做陪衬，文字的颜色也和绿叶颜色一致，提示观众，只要爱护环境，一定可以恢复到满目葱翠的美好环境。

2.　项目效果

　　本项目效果如图 6-1 所示。

图 6-1

6.2 项目知识基础

在数字特技技术产生之前，大部分影片的特技是以实景或微缩景观进行拍摄的。那时特技演员需要在危险的环境中做各种危险动作，而实景或微缩景观的制作也耗费大量的金钱。经过几十年的发展，演员合成在 CG 场景中的技术已经极为成熟。蓝绿屏抠像的使用、摄像机追踪技术的应用等高精尖技术构成了当今的数字电影技术。

一般情况下选择蓝色或绿色背景进行前期拍摄，将拍摄后的素材使用键控技术使背景颜色透明，就可以与计算机制作的场景或其他场景素材进行叠加合成，如图 6-2 所示。之所以使用蓝色或绿色是因为人的身体不含这两种颜色。欧美多用绿屏，而亚洲多用蓝屏，因为肤色条件不同，例如日耳曼民族眼睛多蓝色，自然不能用蓝屏抠像。

图 6-2

要进行键控合成至少需要两层：键控层和背景层，且键控层在背景层之上。这样用户在为目标层设置键控特效后，可以透出其下的背景层。选择键控素材后，选择菜单命令 Effects（特效）| Keying（键控），在弹出的下拉菜单中选择所需的键控特效，不同的键控方式适合不同的素材。

6.2.1 CC Simple Wire Removal

CC Simple Wire Removal（擦钢丝）特效是利用一根线将图像分割，在线的部位产生模糊效果，如图 6-3 所示，擦除前后如图 6-4 所示。

图 6-3

该特效中各项参数的含义如下。

- Point A（点 A）：设置控制点 A 在图像中的位置。
- Point B（点 B）：设置控制点 B 在图像中的位置。

- Removal Style（移除样式）：设置移除钢丝的样式。
- Thickness（厚度）：设置钢丝的厚度。
- Slope（倾斜）：设置钢丝的倾斜角度。

图 6-4

6.2.2　Color Difference Key

1. 作用及参数介绍

Color Difference Key（颜色差别键控）抠像特效通过两个不同的颜色对图像进行键控，形成两个蒙版：Partial A（蒙版 A）和 Partial B（蒙版 B），其中蒙版 A 使指定键控色之外的其他颜色区域透明，蒙版 B 使指定的键控颜色区域透明，将两个蒙版透明区域进行组合，得到第 3 个蒙版透明区域，也就是最终起抠像作用的 Alpha 蒙版，如图 6-5 所示。这种抠像方式可以较好地还原均匀蓝底或绿底上的烟雾、玻璃等半透明物体。

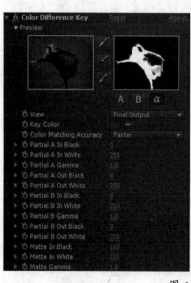

图 6-5

注意：在蒙版中，白色像素部分是不透明部分，黑色像素部分是透明部分，灰色像素部分则依据其灰度值进行半透明处理。

该特效中各项参数含义如下：

- ⬛吸管：从图形上吸取键控色。
- ⬛吸管：从特效图像上吸取透明区域的颜色。
- ⬛吸管：从特效图像上吸取不透明区域的颜色。
- ⬛ A B α：图像的不同预览效果，与参数区中的选项相对应。参数中带有字母 A 的选项对应于 A 预览效果；参数中带有字母 B 的选项对应于 B 预览效果；参数中带有单词 Matte 的选项对应 α 预览效果。通过切换不同的预览效果并修改相应的参数，可以更好地控制图像的抠像。
- View（视图）：指定在合成图像窗口中显示的图像视图。可显示蒙版或显示抠像效果。
- Key Color（键控色）：选择键控色。
- Color Matching Accuracy（颜色匹配精度）：其中 Faster（更快的）表示匹配的精度低；More Accurate（精确的）表示匹配的精度高。
- Partial（部分）：通过滑块对蒙版透明度进行精细调整。黑色滑块可以调节每个蒙版的透明度；白色滑块调节每个蒙版的不透明度；Gamma 滑块控制透明度值与线性级数的密切程度。值为 1 时，级别是线性的，其他值产生非线性级数。

2. 应用特效

（1）在项目窗口中导入"素材与源文件\Chapter6\其他素材\color different key"文件夹下的 girl.tga 和 bg.png，按住鼠标左键将 girl.tga 素材拖动到窗口下方▣（创建新合成）按钮上，产生一个合成图像。选择 bg.png 层，按 Ctrl+Alt+F 组合键将图像放大至满屏。

（2）在合成图像中选择上方的"girl.tga"图层。右击该层，在弹出的快捷菜单中选择 Effects（特效）| Keying（键控）| Color Difference Key（颜色差别键控）命令，为该层添加 Color Difference Key 特效。

（3）在特效控制面板中选择第 1 个吸管工具▣，在合成窗口中或特效窗口的缩略图中单击键出颜色。

（4）选择第 2 个吸管工具▣，在蒙版中最亮的透明区域中单击或在图像中演员图像中最透明的区域单击，即演员的半透明纱裙处，从而知道透明区域并相应地调整合成图像的透明区域。

（5）从缩略图中观察 α 蒙版，如图 6-6（a）所示。也可以在 View 下拉列表中选择观察视图，如图 6-6（b）所示。可以看到周围的蓝背景已经键出，但是演员身上的部分颜色也被键出，呈现半透明效果。所以需要对演员身上键出的颜色进行返还。

（6）选择第 3 个吸管工具▣，在蒙版中最暗的不透明区域中单击或在演员图像中最不透明的区域单击，从而指定保留区域的不透明程度。

（a） （b）

图 6-6

（7）重复步骤（5）、（6），以得到一个较为满意的键出效果。如果前期拍摄时使用的不是蓝屏或者绿屏，而是其他纯色，抠像效果有时会不够理想。这样，可以将 Color Matching Accuracy 选项设置为 More Accurate（更为精确）模式，从而得到比较精确的运算结果。

（8）调整 Matte In Black 和 Matte In White 值，拉开不透明区域和透明区域的黑白差距到比较满意的效果，如图 6-7（a）所示。

（9）此时，在抠像的边缘处仍然残留了一些绿屏或者蓝屏的颜色，这时需要借助另一抠像滤镜来消除这样的瑕疵。右击该层，在快捷菜单中选择 Effects（特效）| Keying（键控）| Spill Suppressor（溢出抑制）命令，为该层添加抑制抠像溢出颜色滤镜，如图 6-7（b）所示。单击 Color To Suppress 右侧的▬（抑制溢出颜色）选色器，点选上面 Color Difference Key 滤镜的 Key Color 右侧的蓝屏或者绿屏颜色。

（10）最后，要将 View 模式切换到 Final Output（最终抠像结果）画面显示。

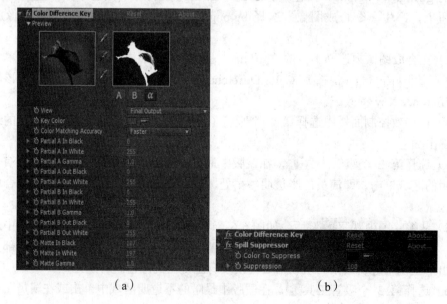

（a） （b）

图 6-7

6.2.3 Color Key

Color Key（颜色键控）通过指定一种颜色，然后将与其近似的像素键出抠像，使其透明。此功能相对比较简单，对于拍摄质量好、背景比较单纯的素材有不错的效果，但是不适合处理复杂背景，特效参数如图 6-8 所示。

图 6-8

该特效中各项参数含义如下。

- Key Color（键控色）：选择将要被抠掉的颜色。
- Color Tolerance（颜色容差）：用于设置多少近似颜色被抠掉，设置的值越高，越多的近似色被抠除。
- Edge Thin（边缘缩放）：抠像边界扩展或收缩，正值为收缩边界，负值为扩展边界。
- Edge Feather（边缘羽化）：边缘羽化程度设置。

选择素材中键出颜色，调节相应参数，效果如图 6-9 所示，图 6-9（a）为原图，图 6-9（b）为合成效果。

（a）　　　　　　　　　　　　　　（b）

图 6-9

6.2.4 Color Range

1. 作用及参数介绍

Color Range（颜色范围）抠像特效通过在 Lab、YUV 或 RGB 等不同的颜色空间中，定义键出的颜色范围，实现抠像效果。常用于前景对象与抠像背景颜色分量相差较大且背景颜色不单一的情况，如图 6-10 所示。

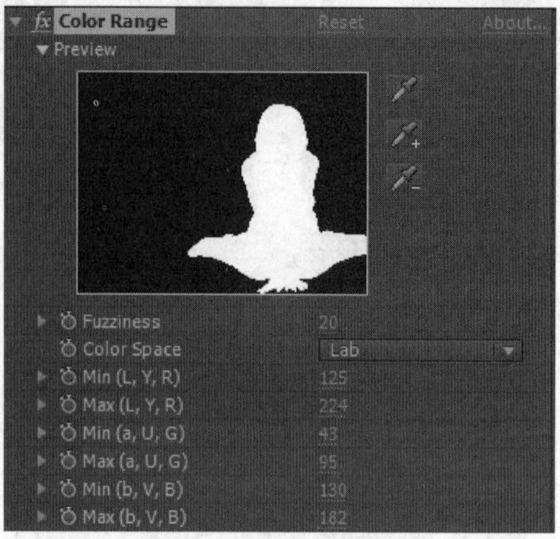

图 6-10

该特效中各项参数含义如下。

- ：从合成窗口中选取键出色。
- ：增加键出颜色范围。
- ：减小键出颜色范围。
- Fuzziness（柔化）：对边界进行柔化模糊处理。
- Color Space（颜色空间）：指定色彩空间模式。
- Min/Max：精确设置颜色范围的起始和结束，其中 L，Y，R 控制指定颜色空间的第 1 个分量；a，U，G 控制指定颜色空间的第 2 个分量；b，V，B 控制指定颜色空间的第 3 个分量；Min 值控制颜色范围的开始，Max 值控制颜色范围的结束。

2. 应用特效

（1）在项目窗口中导入“素材与源文件\Chapter6\其他素材\different matte”文件夹下的 girl.png 和 bg2.jpg，按住鼠标左键将 girl.png 拖动到窗口下方（创建新合成）按钮上，产生一个合成图像，将“bg2.jpg”拖至“girl.png”的下层。

（2）选择 girl.png 图层，右击该层，在弹出的快捷菜单中选择 Effects（特效）| Keying（键控）| Color Range（颜色范围）命令，为该层添加 Color Range 特效。

（3）在特效控制面板中，选择第 1 个吸管工具，在合成窗口中单击要被键出的绿屏颜色，如图 6-11 所示。

（4）由于背景色并不单一，因此部分绿屏没有被抠掉。因此，在特效控制面板中单击选择第 2 个吸管工具，在合成窗口中继续单击没有被完全键出的绿屏颜色，增加键出颜色范围，如图 6-12 所示。

（5）如果不小心选择了过多的键出颜色范围，可以通过特效控制面板的第 3 个吸管工具，单击不需要透明的像素进行还原处理，减小键出颜色的范围。

（6）适当地调整 Fuzziness 值，对抠像边界进行柔化处理，以得到更自然的效果。

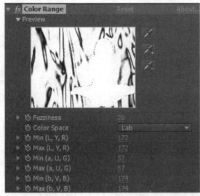

图 6-11

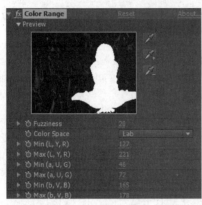

图 6-12

（7）此时人物身体边缘仍然有少量绿色，可以使用蒙版控制工具对蒙版进行收缩。右击 girl.png 图层，在弹出的快捷菜单中选择 Effects（特效）| Matte（蒙版）| Simple Choker（简单阻塞）命令，为该层添加 Simple Choker 特效，如图 6-13 所示。该特效对遮罩边缘进行细微调整以产生清晰的遮罩。可以在 View 下拉列表中指定视图类型。Choke Matte 可以调节阻塞值。负值扩展遮罩，正值收缩遮罩。这里设置为 1，边缘绿色基本被清除。

图 6-13

（8）最后对身体边缘残留的绿色进行色彩抑制。为 girl.tga 图层应用 Spill Suppressor 特效。

6.2.5 Difference Matte

1. 作用及参数介绍

Difference Matte（差别蒙版）抠像特效通过源层与对比层进行比较后，将源层和对比层中相同颜色区域键出，实现抠像处理，如图 6-14 所示。

图 6-14

该特效中各项参数的含义如下。

● View：设置不同的图像视图。

● Difference Layer（差异层）：指定与特效层进行比较的差异图层。

● If Layer Sizes Differ（如果层大小不同）：如果差异层与特效层大小不同，可以选择居中对齐或拉伸差异层。

● Matching Tolerance（匹配容差）：设置颜色对比的范围大小。值越大，包含的颜色信息量越多。

● Matching Softness（匹配柔和）：设置颜色的柔和程度。

● Blur Before Difference（差异前模糊）：可以在对比前将两个图像进行模糊处理。

2. 应用特效

（1）在项目窗口中导入"素材与源文件\Chapter6\其他素材\difference matte"文件夹下的 girl.png、bg.png、bg2.jpg，按住鼠标左键将其拖动到窗口下方 ▦（创建新合成）按钮上，产生一个合成图像，将 bg2.jpg 拖至 girl.png 层下方。

（2）在时间线窗口中选择对比层 bg.png，将该层前的 ◉ 关闭，隐藏该图层。

（3）选择 girl.png 图层，右击该层，在快捷菜单中选择 Effects（特效）| Keying（键控）| Difference Matte（差别蒙版）命令。在特效控制面板中的 Difference Layer 下拉列表中选择 bg.png 对比层。

（4）拖动 Matching Tolerance 滑块调整宽容程度，直到效果满意，然后使用蒙版控制工具 Simple Choker 对边缘进行收缩，去除残留的边缘色。最后应用 Spill Suppressor 特效对身体边缘残留的绿色进行色彩抑制。效果如图 6-15 所示，图 6-15（a）为原图，图 6-15（b）为对比层，图 6-15（c）为键出后的效果。

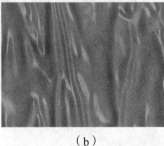

（a）　　　　　　　　　　（b）　　　　　　　　　　（c）

图 6-15

6.2.6　Extract

Extract（提取）抠像特效通过指定一个亮度范围来进行抠像，键出图像中所有与指定键出亮度相近的像素，产生透明区域。该特效常用于前景对象与背景明暗对比非常强烈的情况下，如图6-16所示。

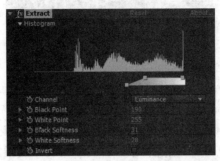

图6-16

该特效中各项参数的含义如下。

- Channel（通道）：选择要提取的颜色通道，以制作透明效果。
- Black Point（黑点）：设置黑点的范围，小于该值的黑色区域将变透明。
- White Point（白点）：设置白点的范围，大于该值的白色区域将变透明。
- Black Softness（黑点柔和）：设置黑色区域的柔化程度。
- White Softness（白点柔和）：设置白点区域的柔化程度。
- Invert（反转）：反转上面参数设置的颜色提取区域。

效果如图6-17所示，图6-17（a）为原图，图6-17（b）为背景，图6-17（c）为键出后的效果。

（a）　　　　　　　　　　（b）　　　　　　　　　　（c）

图6-17

6.2.7　Inner/Outer Key

1. 作用及参数介绍

Inner/Outer Key（内/外键控）抠像特效可以通过指定的遮罩来定义内边缘和外边缘，根据内外遮罩进行图像差异比较，得出透明效果，如图6-18所示。

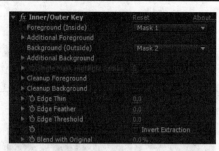

图 6-18

该特效中各项参数的含义如下。

- Foreground（Inside）（内前景）：为特效层指定内边缘遮罩。
- Additional Foreground（附加前景）：可以为特效层指定更多的内边缘遮罩。
- Background（Outside）（外背景）：为特效层指定外边缘遮罩。
- Additional Background（附加背景）：可以为特效层指定更多的外边缘遮罩。
- Single Mask Highlight Radius（单一遮罩高亮半径）：当使用单一遮罩时，修改该参数可以扩展遮罩的范围。
- Cleanup Foreground（清除前景）：该选项组可用于指定遮罩来清除前景颜色。
- Cleanup Background（清除背景）：该选项组可用于指定遮罩来清除背景颜色。
- Edge Thin（边缘薄厚）：设置边缘的粗细。
- Edge Feather（边缘羽化）：设置边缘的羽化程度。
- Edge Threshold（边缘阈值）：设置边缘颜色阈值。
- Invert Extraction（反转提取）：选中该复选框，将设置的提取范围进行反转操作。
- Blend with Original（混合程度）：设置特效图像与原图像间的混合比例，值越大越接近原图。

2. 应用特效

（1）在项目窗口中导入"素材与源文件\Chapter6\其他素材\inner outer key"文件夹下的 beauty.jpg、bg.jpg 文件，按住鼠标左键将 beauty.jpg 拖动到窗口下方 ▨（创建新合成）按钮上，产生一个合成图像，将 bg.jpg 拖至 beauty.jpg 层下方。

（2）选择 beauty.jpg 图层，利用工具面板的钢笔工具，沿着演员内边缘绘制一个封闭的路径，如图 6-19（a）所示。

（3）回到时间线面板，按下 M 键展开 beauty.jpg 图层的 Mask 属性，将遮罩合成模式设置为 None，屏蔽其蒙版功能，只作为将来 Inner/Outer Key 特效的参考路径，并将此遮罩命名为 Inner，如图 6-19（b）所示。

（4）再次回到合成窗口中，沿着演员外边缘绘制一个封闭的路径，如图 6-20（a）所示。同样将蒙版合成模式设置为 None，并将此蒙版命名为 Outer。

（5）选择 beauty.jpg 图层，右击该层，在弹出的快捷菜单中选择 Effects（特效）| Keying（键控）| Inner/Outer Key（内/外键控）命令。在特效控制面板中，将 Foreground（Inside）设置为 Inner，设置 Background（Outside）为 Outer，AE 将根据两个区域中间的像素差别，

进行键出抠像，如图6-20（b）所示。

（a）

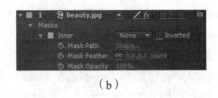

（b）

图 6-19

（a）

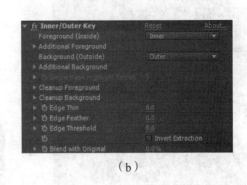

（b）

图 6-20

（6）如果感觉抠像效果内外边缘范围需要简单修正，可以调整 Edge Thin；如果觉得边缘过于生硬，可以调整 Edge Feather 属性，得到更自然的效果，效果如图6-21所示。

图 6-21

6.2.8 Keylight

Keylight 抠像特效可以处理一些比较复杂的场景，例如，玻璃的反射、半透明的流水等。

（1）以"素材与源文件\Chapter6\其他素材\keylight"文件夹下 bg.tif 和 renwu.tif 两个素材建立合成。

（2）右击 renwu.tif 图层，在弹出的快捷菜单中选择 Effects（特效）| Keying（键控）| Keylight 命令，如图 6-22（a）所示。

（3）在 Screen Colour 栏选择滴管工具，在合成窗口中的蓝色部分单击，吸取键去颜色。在 View 下拉列表中选择 Combined Matte，以蒙版方式显示图像，这样更有助于观察抠像的细节效果，如图 6-22（b）所示。在键去蓝色后产生的 Alpha 通道中，黑色表示透明的区域，白色表示不透明区域，灰色则根据深浅表示半透明。

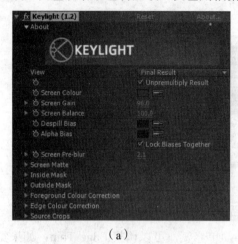

（a）　　　　　　　　　　　　　　　　（b）

图 6-22

（4）调整 Screen Gain 参数，该参数控制抠像时有多少颜色被移除产生透明。数值比较高时，会有更多的区域变透明。而 Screen Balance 则控制色调的均衡。

（5）Screen Pre-blur 参数可以设定一个较小的模糊值，可以对抠像的边缘产生柔化效果。这样可以让抠像的前景同背景融合得更好，但注意柔化的值不宜过高，以免损失细节。

（6）展开 Screen Matte 对蒙版进行调整，如图 6-23（a）所示。在 Clip Black 和 Clip White 中，分别控制图像的透明区域和不透明区域。数值为 0 时表示完全透明，数值为 100 则表示完全不透明。Screen Shrink/Grow 可以对蒙版边缘进行扩展或者收缩。负值为收缩蒙版，正值为扩展蒙版。Screen Softness 选项用于对蒙版边缘产生柔化效果。两个 Despot 参数对图像的透明和不透明区域分布进行调节，对颜色相近部分进行结晶化处理，以对一些去除不尽的杂色进行抑制。

（7）激活 Foreground Colour Correction 卷展栏，如图 6-23（b）所示，可以对前景进行调节，包括色相、饱和度、对比度、亮度、颜色的抑制等，主要用于前景和背景的协调统一。

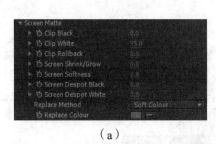

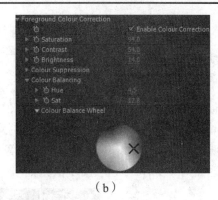

（a） （b）

图 6-23

（8）如图 6-24（a）所示，背景换为黄昏的色调，这时，车内的色调和背景不协调。首先调整车体和人物，展开 Colour Balance Wheel 出现一个色轮，将色轮向红色方向拖动，使前景色偏青偏红，以符合夕阳下的背光色调。调整 Brightness 和 Contrast 参数，提高亮度和对比度。

（9）接下来对透明的边缘区域进行调整，选中 Enable Edge Colour Correction 复选框，如图 6-24（b）所示。展开 Colour Balance Wheel 卷展栏，在色轮中调整颜色，观察车窗玻璃的色调，调整到暖黄色即可。

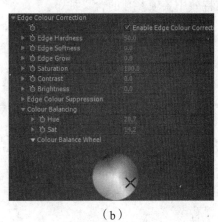

（a） （b）

图 6-24

（10）如果影片中有一些难抠的细节，如发丝等。这时，Keylight 还提供 Mask 抠像的方法。首先需要在影片中对象的抠像边缘建立里外两个 Mask，然后在 Keylight 中展开 Inside Mask 和 Outside Mask 来指定 Mask 抠像。系统会根据内外边缘的不同，比较像素差别，得出非常精细的抠像结果，这和 Inner/Outer Key 非常相似。

6.2.9 Linear Color Key

1. 作用及参数介绍

Linear Color Key（线性颜色键控）抠像特效通过指定 RGB（红绿蓝）、Hue（色相）或 Chroma（色度）的信息对像素进行键出抠像。也可以使用该特效保留前边使用其他键控变为透明的颜色。例如，键出背景时，对象身上与背景相似的颜色也被键出，可以应用该特效，返回对象身体上被键出的相似颜色，如图 6-25 所示。

图 6-25

该特效中各项参数的含义如下。

- ：从缩略图或者合成窗口中吸取键出色。
- ：增加键出颜色范围。
- ：减少键出颜色范围。
- View（视图）：设置在合成窗口中预览方法，其中包括 Final Output（最终画面）、Source Only（仅显示源图像）和 Matte Only（仅显示 Alpha 通道）。
- Key Color（键控色）：键出颜色选择。
- Match Colors（匹配颜色）：指定匹配方式。
- Matching Tolerance（匹配容差）：值越高被抠掉的像素越多。
- Matching Softness（匹配柔和度）：可以调节透明区域和不透明区域之间的羽化程度。
- Key Operation（键控操作）：指定键出色是被抠掉还是被保留。

2. 应用特效

（1）以"素材与源文件\Chapter6\其他素材\linear color key"文件夹下 bg.tif 和 lanping.tga 两个素材建立合成。

（2）选择 lanping.tga 图层，右击该图层，在弹出的快捷菜单中选择 Effects（特效）| Keying（键控）| Linear Color Key（线性颜色键控）命令。在特效控制面板中的 Match colors 下拉列表中选择 Using Chroma。

（3）选择工具，在合成窗口中单击键出颜色，选择工具，在模特两腿间的阴影部分单击，使阴影更为明显。

（4）对残留的蓝色进行抑制。为 lanping.tga 图层应用 Spill Suppressor 特效，抠像前后效果如图 6-26 所示。

图 6-26

6.2.10 Luma Key

Luma Key 抠像特效可以根据图像的明亮程度为图像制作透明效果，适合画面对比强烈的图像，如图 6-27 所示。

图 6-27

该特效中各项参数的含义如下。

- Key Type（键控类型）：指定键控的类型。Key Out Brighter 键出比指定亮度值亮的像素；Key Out Darker 键出比指定亮度值暗的像素；Key Out Similar 键出亮度值宽容度范围内的像素；Key Out Dissimilar 键出亮度值宽容度范围外的像素。
- Threshold（阈值）：指定键出的亮度值阈值。
- Tolerance（宽容度）：指定键出亮度的宽容度。
- Edge Thin（边缘薄厚）：用来设置边缘的粗细。
- Edge Feather（边缘羽化）：用来设置边缘的羽化程度。效果如图 6-28 所示，图 6-28（a）为原图，图 6-28（b）为键出后的效果。

（a） （b）

图 6-28

6.3 项目实施

6.3.1 导入素材

（1）首先，启动 After Effects CS6，选择 Edit（编辑）| Preferences（首选项）| Import（导入）菜单命令，打开 Preferences 对话框，设置 Still Footage（静态脚本）的导入长度为 18 秒。

（2）在 Project（项目）窗口中双击，打开 Import File（导入文件）对话框，选择"素材与源文件\Chapter6\Footage"文件夹中的 sucai1.jpg~sucai4.jpg、wuran1.jpg~wuran4.jpg 文件，在 Import Kind（导入类型）下拉列表中选择 Footage（脚本）选项，将素材导入。用同样的方法将 leaves.psd、TV.psd 和 wall.psd 以 Footage 方式导入。

6.3.2 图片素材准备

（1）在 Project（项目）窗口中的空白处右击，在弹出的快捷菜单中选择 New Composition 命令，在打开的 Composition Settings（合成设置）对话框中进行设置，新建 tupian 合成，如图 6-29 所示。

（2）从项目窗口中拖动 sucai1.jpg~sucai4.jpg 至 tupian 合成中，按 Ctrl+Alt+F 组合键使 4 层的大小放大至和合成大小一致，设置 sucai1.jpg 层的入点在 0 秒处，sucai2.jpg 层的入点在 2 秒处，sucai3.jpg 层的入点在 4 秒处，sucai4.jpg 层的入点在 6 秒处。

（3）选择 sucai1.jpg 层，右击该层，在弹出的快捷菜单中选择 Effects（特效）| Color Correction（颜色校正）| Hue/Saturation（色相/饱和度）命令，为该层添加 Hue/Saturation 特效。移动时间线至 0 秒处，在 Effect Controls（特效控制）面板中，单击 Channel Range（通道范围）左侧的关键帧开关，设置 Master Saturation（主饱和度）值为-100，使图像转变为黑白图像，如图 6-30 所示。移动时间线至 2 秒处，调整 Master Saturation 的值为 0，制作图像由黑白逐渐转变为彩色的动画效果。

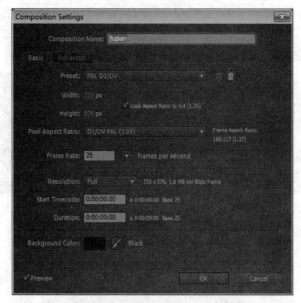

图 6-29

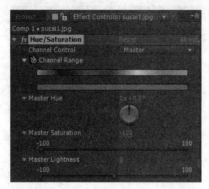

图 6-30

（4）在特效控制窗口中选择 Hue/Saturation 特效，按 Ctrl+C 快捷键复制。选择 sucai2.jpg 层，移动时间线在 2 秒处，按 Ctrl+V 快捷键粘贴该特效，同理复制到其他图层上。

（5）新建 tupian1 合成，Duration（持续时间）为 8 秒，其他参数同 tupian 合成。从项目窗口中拖动 wuran1.jpg~wuran4.jpg 至 tupian1 合成中，按 Ctrl+Alt+F 组合键使 4 层的大小放大至和合成大小一致，设置 wuran1.jpg 层的入点在 0 秒处，wuran2.jpg 层的入点在 0:00:01:10 处，wuran3.jpg 层的入点在 0:00:03:20 处，wuran4.jpg 层的入点在 0:00:06:00 处。

（6）选择 wuran1.jpg 层，右击该层，在弹出的快捷菜单中选择 Effects（特效）| Transition（转场）| CC Line Sweep（CC 线扫描）命令，为该层添加 CC Line Sweep 特效。在特效控制面板中设置 Slant（斜线）属性值为 60。如图 6-31（a）所示。移动时间线至 0:00:01:10 处，单击 Completion（完成）左侧的关键帧开关，在此处建立一个关键帧，移动时间线至 0:00:01:20 处，设置 Completion 的属性值为 100，自动在此处建立一个关键帧，完成转场动画。

（7）同理为 wuran2.jpg 层添加 CC Grid Wipe（CC 网格擦除）特效，参数设置如图 6-31（b）所示。移动时间线至 0:00:03:20 处，单击 Completion（完成）左侧的关键帧开关，移动时间线至 0:00:04:05 处，调整 Completion 的属性值为 100%。

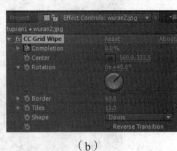

（a）　　　　　　　　　　　（b）

图 6-31

（8）同理为 wuran3.jpg 层添加 Venetian Blinds（百叶窗）特效，参数设置如图 6-32 所示。移动时间线至 0:00:06:00 处，单击 Transition Completion（转场完成）左侧的关键帧开关，移动时间线至 0:00:06:10 处，调整 Completion 的属性值为 100%。

图 6-32

6.3.3　最终合成

（1）新建 final 合成，Duration（持续时间）为 18 秒，其他参数同 tupian 合成。从项目窗口中拖动 wall.psd 素材到 final 合成中，按 S 键展开其 Scale（缩放）属性，设置属性值为（54,54%）。

（2）从项目窗口中拖动 leaves.psd 素材到 final 合成中 wall.psd 图层的上方，在时间线上展开该层的 Transform 属性，设置其 Position、Scale 属性，如图 6-33（a）所示。右击该层，在弹出的快捷菜单中选择 Effects（特效）| Perspective（透视）| Drop Shadow（投影）命令，为该层添加 Drop Shadow 特效，参数设置如图 6-33（b）所示。

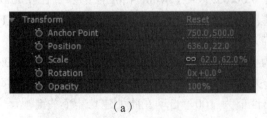

（a）　　　　　　　　　　　（b）

图 6-33

（3）选择 leaves.psd 图层，按 Ctrl+D 快捷键复制该图层。展开复制层的 Transform 属性栏，调整该层的变换属性，如图 6-34（a）所示，调整后的效果如图 6-34（b）所示。

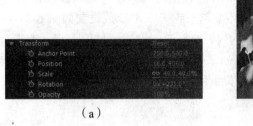
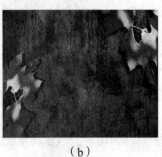

（a） （b）

图 6-34

（4）从项目窗口中拖动 TV.psd 素材至 final 合成的 wall.psd 层的上方，继续拖动 tupian 合成至 TV.psd 层的下方。选择 TV.psd 图层，右击该层，在弹出的快捷菜单中选择 Effects（特效）| Keying（键控）| Color Key（颜色键控）命令，为该层添加 Color Key 特效，在特效控制面板中单击 Key Color（键控颜色）右侧的吸管，在合成窗口 TV.psd 图层上的绿色屏幕部分单击，吸取键控颜色。设置 Edge Thin（边缘收缩）为 1，使键控边缘收缩 1 像素，抠除边缘残留的颜色，效果如图 6-35（a）所示。

（5）选择 tupian 合成，按 S 键展开该层的 Scale（缩放）属性，设置属性值为（67,67%），在时间线上显示 Parent 列，设置 tupian 层的父层为 TV.psd 层。选择 TV.psd 图层，按 S 键展开该层的 Scale 属性，设置属性值为（73,73%），如图 6-35（b）所示。

（a） （b）

图 6-35

（6）选择 TV.psd 层，按 R 键展开该层的 Rotation（旋转）属性，设置属性值为 0x-17，在工具栏中选择 ▦（轴心点）工具，调整该层的轴心点位置，如图 6-36 所示。

图 6-36

（7）选择 TV.psd 层，移动时间线至 0:00:00:10 处，在时间线上单击 Rotation 属性左侧的关键帧开关，在此处建立一个关键帧。移动时间线至 0 秒处，调整 Rotation 属性值为 0x-103，完成旋转进入动画制作。移动时间线至 0:00:08:14 处，调整 Rotation 属性值为 0x-17；移动时间线至 0:00:08:24 处，调整 Rotation 属性值为 0x+87，完成旋转移动动画制作。

（8）在合成窗口中输入文字"让环境越来越美"，参数设置如图 6-37（a）所示。移动时间线至 0:00:00:10 处，选择文字层并按"["键，设置该层的入点。右击该层，在弹出的快捷菜单中选择 Effects（特效）| Generate（生成）| Ramp（渐变）命令，为该层添加 Ramp特效。其中 Start Color（开始颜色）为黄绿色（# B4FF00），End Color（结束颜色）为黄色（# FFF000），如图 6-37（b）所示。

 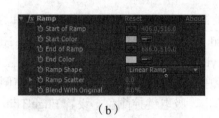

（a）   （b）

图 6-37

（9）选择文字层，右击该层，在弹出的快捷菜单中选择 Effect（特效）| Transition（转场）| Venetian Blinds（百叶窗）命令，为该层添加 Venetian Blinds 特效，在特效控制面板中设置该特效的 Width（宽）属性值为 11。移动时间线至 0:00:00:10 处，单击该特效的 Transition Completion（转场完成）属性左侧的关键帧开关，设置该属性值为 100%。移动时间线至 0:00:00:20 处，设置该属性值为 0%，完成文字的显示动画制作。移动时间线至 0:00:08:14 处，在此处建立一个关键帧，移动时间线至 0:00:08:24 处，设置该属性值为 100%，完成文字的消失动画制作。

（10）另外一幅屏幕画面的制作同上，具体参数可参照该项目的源文件。输入文字"还是……"，设置该层的入点在 0:00:09:00 处。选择"让环境越来越美"文字层，在特效控制窗口中复制 Ramp 特效，粘贴到"还是……"文字层。

（11）在"还是……"文字层上绘制如图 6-38（a）所示的矩形遮罩。按两次 M 键展开该层 Mask 属性，设置 Mask Feather（遮罩羽化）属性值为（41,0）pixels，移动时间线至 0:00:09:15 处，单击 Mask Shape（遮罩形状）左侧的关键帧开关，自动在此处建立一个关键帧。移动时间线至 0:00:15:15 处，在此处建立一个关键帧。移动时间线至 0:00:09:00 处，调整遮罩形状如图 6-38（b）所示。复制 0:00:09:00 处的关键帧至 0:00:15:24 处，完成文字的动画制作。

（12）输入文字"请爱护环境"，字体大小为 90，其他属性同上。复制"还是……"文字层的 Ramp 特效至"请爱护环境"文字层。同上，调整该文字层的轴心点，制作该层的旋转动画。

（a）   （b）

图 6-38

6.4 项目小结

本项目的实施中只应用了简单的抠像功能，但是通过项目基础知识的介绍，让读者系统了解了 After Effects 中强大的抠像功能。抠像是一个非常讲究技巧的工作，必须通过大量的练习才能在实际操作中选择合适的特效对素材进行抠像。同时也要认识到，前期对素材的拍摄对于后期的特效制作也是非常重要的，只有认真仔细地做好前期拍摄工作，然后在掌握抠像技巧的基础上，才能制作出预期的合成效果。

项目 7 《徽风皖韵》宣传片头制作

7.1 项目描述及效果

1. 项目描述

《徽风皖韵》栏目主要是以徽州为出发点，开掘山水间的历史意蕴，诠释文明的兴衰，全景式地扫描勾勒出水墨徽州斑驳意象的栏目。本项目主要通过水墨场景中的一幅幅徽州的特色美景来展示水墨徽州的主题。为了突出水墨画一样的徽州美景，特意用水墨竹子做掩映，水墨竹影掩映徽州的自然美景，如诗如画；文字介绍也采用墨笔做底色，字体的选取也是体现古风古色。

2. 项目效果

本项目效果如图 7-1 所示。

图 7-1

7.2 项目知识基础

7.2.1 路径文本

1. 路径文字参数设置

After Effects 允许文字沿着一条指定的路径运动。该路径必须为文本层上的一个开放或者闭合的 Mask。文字层有一个 Path Options（路径选项）属性列表，在该属性列表的 Path（路径）属性中选择文本所要依附的路径。在应用路径文本后，在 Path Options 列表中将多出 5 个选项，用来控制文字与路径的排列关系，如图 7-2 所示。

图 7-2

- Reverse Path（反转路径）：该选项可以将路径上的文字进行反转，Reverse Path 为 Off 的效果如图 7-3（a）所示，Reverse Path 为 On 的效果如图 7-3（b）所示。

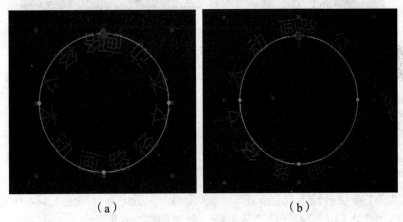

（a）　　　　　　　　　　　　（b）

图 7-3

- Perpendicular To Path（与路径垂直）：该选项控制文字与路径的垂直关系，如果开启垂直功能，不管路径如何变化，文字始终与路径保持垂直。Perpendicular To Path 为 Off 的效果如图 7-4（a）所示，Perpendicular To Path 为 On 的效果如图 7-4（b）所示。
- Force Alignment（强制对齐）：强制将文字与路径两端对齐。如果文字较少，将出现文字分散的效果。Force Alignment 为 Off 的效果如图 7-5（a）所示，Force Alignment 为 On 的效果如图 7-5（b）所示。

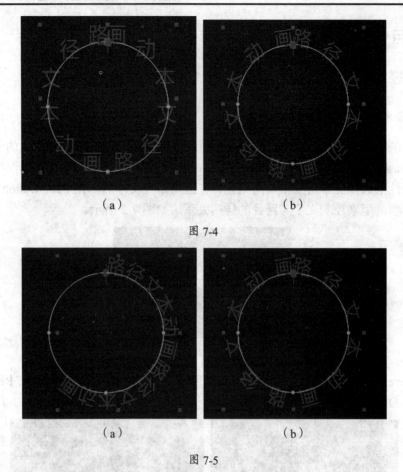

（a）　　　　　　　　　　　　（b）

图 7-4

（a）　　　　　　　　　　　　（b）

图 7-5

● First Margin（首字位置）：用来控制开始文字的位置。
● Last Margin（末字位置）：用来控制结束文字的位置。

2. 路径文字动画

路径文字动画制作的思路是：首先需要在文本层上绘制一个路径，然后指定文字沿该路径移动。

首先，建立文本层并输入文字。在 Tools（工具）面板中选择钢笔工具，在 Composition（合成）窗口中文本层上绘制一条开放路径，效果如图 7-6 所示。

图 7-6

然后，展开 Text 层 Path Options 属性列表，在 Path 下拉列表中指定刚才绘制的路径为文本路径，在合成窗口中可以看到文字自动沿着路径排列的效果，如图 7-7 所示。

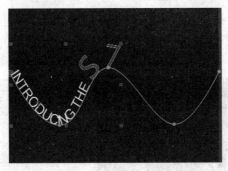

图 7-7

最后，在时间线窗口展开 Path Options 属性列表，单击 First Margin（首字位置）左侧的关键帧记录器，在 0:00:00:00 帧位置添加一个关键帧，并修改其值为-730，将文字移出窗口之外，效果如图 7-8（a）所示。将时间线移动到最后一帧，设置 First Margin 的值为 1188，在合成窗口中将文字移出画面，效果如图 7-8（b）所示。

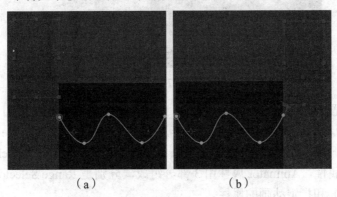

（a）　　　　　　　　　　　（b）

图 7-8

这样，就完成了路径文字动画的制作，按空格键或小键盘上的 0 键预览动画效果，其中的几帧如图 7-9 所示。

图 7-9

7.2.2 文字的高级动画

利用文字的高级动画可以实现对文本的局部动画制作。展开文本层的 Text 属性后，可以看到 Animate（动画）参数栏，单击其右侧的小箭头可弹出所有可以设置动画的属性，如图 7-10 所示。

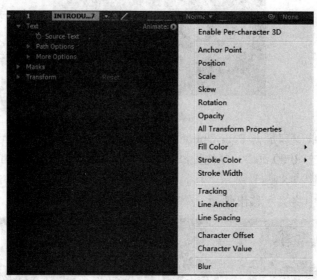

图 7-10

选择需要设置动画的属性，After Effects 会自动在 Text 属性栏下增加一个 Animator 属性，如图 7-11 所示。每个 Animator（动画器）组中都包含一个 Range Selector。可以在一个 Animator（动画器）组中继续添加 Selector（选择器），或者在一个 Selector（选择器）中添加多个动画属性。Animator 属性由 3 部分组成，分别是 Range Selector（范围选取）、Advanced（高级）和指定动画的属性。

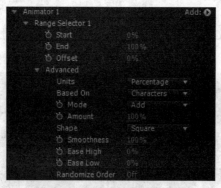

图 7-11

- Range Selector（范围选取器）：用于指定动画参数影响的范围，可以使文字按照特定的顺序进行移动和缩放。
- Start（开始）：设置选择器的开始位置。

- End（结束）：设置选择器的结束位置。
- Offset（偏移）：设置选择器的整体偏移量。
- Units（单位）：设置选择范围的单位，有 Percentage（百分比）和 Index（指数）两种。
- Based On（基于）：设置选择器动画的基于模式，包含 Characters（字符）、Characters Excluding Spaces（排除空格字符）、Words（单词）和 Lines（行）4 种。
- Mode（模式）：设置多个选择器范围的混合模式，包含 Add（加）、Subtract（减）、Intersect（相交）、Min（最小）、Max（最大）和 Difference（差值）6 种模式。
- Amount（数量）：设置 Property（属性）动画参数对选择器文字的影响程度。0% 表示动画参数对选择器文字没有任何作用，50%表示动画参数只能对选择器文字产生一半的影响。
- Shape（形状）：设置选择器边缘的过渡方式，包括 Square（方形）、Ramp Up（斜上渐变）、Ramp Down（斜下渐变）、Triangle（三角形）、Round（圆角）和 Smooth（平滑）6 种方式。
- Smoothness（平滑度）：在设置 Shape（形状）类型为 Square（方形）方式时，该选项才起作用，它决定了一个字符到另一个字符过渡的动画时间。
- Ease High（柔缓高）：特效缓入设置。
- Ease Low（柔缓低）：原始状态缓出设置。
- Randomize Order（随机顺序）：决定是否启用随机设置。
- Random Seed（随机种子）：设置随机的变数。

1. 局部文字动画

（1）文字选区动画

本例将制作文字由屏幕外逐个快速飞入的效果，如图 7-12 所示。制作思路：在本例中，文字逐个由下向上飞入屏幕，可以通过为文本设置位置属性来达到效果，而局部范围的影响则必须通过指定选取范围来实现。

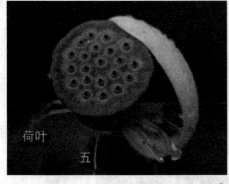

图 7-12

- 在 Project（项目）窗口中导入"素材与源文件\Chapter 5\text"文件夹下的 bg.jpg，并以其产生一个合成。在合成设置中，将影片的时间设置为 4 秒。

● 在 Tools（工具）面板中选择文本工具，在合成窗口中输入文本。在 Character（字符）面板中指定字体和尺寸、颜色，并将其设为 Fill Over Stroke（填充在描边之外）模式。右击文字层，在弹出的快捷菜单中选择 Layer Styles（层样式）| Drop Shadow（投影）命令，为该层添加投影图层样式，效果和 Character 面板如图 7-13 所示。

图 7-13

● 在时间线窗口中展开文本层，显示 Text 属性。在 Animate（动画）下拉列表中选择 Property（属性）| Position（位置）属性。

● 展开 Range Selector 1（范围选择 1）设置动画。由于文字逐个由下向上飞入，所以必须让选取范围由小变大来接受位置属性影响。在 0:00:00:00 处单击 Start（开始）左侧的关键帧记录器开关，在此处建立一个关键帧，移动时间线至 0:00:03:00 处，设置 Start 的值为 100%，自动建立一个关键帧。

● 修改位置。将文本放置在字符发射的位置。设置 Position（位置）参数值为（189,126），效果如图 7-12 所示。只有 Start 和 End 范围之内的文字才受到动画属性 Position 的影响，随着 Start 的值逐渐变大，文字动画范围逐渐向右移动，左侧逐渐脱离文字动画范围的文字就逐渐恢复到原本的位置。源文件 text01.aep 存储在"素材与源文件\Chapter 7\text"文件夹下。

（2）文字多个选区动画

本例将制作文字逐个显示，最后一个字单独放大的效果如图 7-14 所示。制作思路：在本例中，文字首先逐个显示，可以通过为文本设置透明度属性来达到效果，而局部范围的影响则必须通过指定选取范围来实现。最后一个字单独放大的效果不能在上一个动画序列完成，因为动画的范围不同，所以继续为文本设置缩放属性动画来达到效果。

图 7-14

- 建立文本层并输入文字。在时间线窗口中展开文本层，显示 Text 属性。在 Animate 下拉列表中选择 Property（属性）| Opacity（不透明度），调整 Opacity 参数值为（0%,0%），由于当前所有文字都在动画序列范围内，所以都受到动画属性 Opacity 的影响，均不可见。

- 为了让文字从左侧逐个显示，可以制作 Start（开始）的关键帧动画，使 Start 逐渐向右移动，左侧逐渐脱离动画序列范围的就恢复原来的透明度，逐渐显示出来。在 0:00:00:00 处设置 Start 的值为 0%，在 0:00:02:00 处设置 Start 的值为 100%。

- 在 Animate 下拉列表中选择 Property（属性）| Scale（缩放）属性，新建动画序列 Animator 2，如图 7-15（a）所示。最后一个字单独放大效果是动画序列范围不变，而是范围内的文字进行缩放。调整 Start 的值使动画序列开始标记在"风"字的左侧，其值为 75%，如图 7-15（b）所示。

 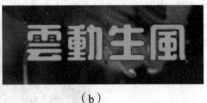

（a） 　　　　　　　　　　　　（b）

图 7-15

- 设置"风"字的缩放动画。在 0:00:02:00 处设置 Animator 2 的动画属性 Scale 的值为（100%,100%），在 0:00:03:00 处设置其值为（327%,327%）。但是此时"风"字与"生"字间距太近，"风"字放大后遮挡住"生"字，所以需要为动画序列 Animator 2 添加属性 Tracking（间距）。在 Animator 2 右侧的 Add（添加）下拉列表中选择 Property（属性）| Tracking（间距），在 0:00:02:00 处设置 Tracking Amount（间距数值）为 0，设置 0:00:03:00 处 Tracking Amount 的值为 60，实现"风"字的放大动画效果。源文件 text02.aep 存储在"素材与源文件\Chapter 7\text"文件夹下。

2. 随机变化动画

本例将制作文字由随机乱动到排列成为一行整齐的文本。首先需要对影响区域进行设置，然后添加动画属性并进行随机设置即可，效果如图 7-16 所示。

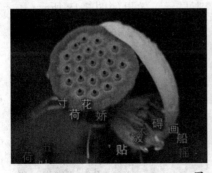 

图 7-16

（1）建立文本层并输入文字。在时间线窗口中展开文本层，显示其 Text 属性，在 Animate 下拉列表中选择 Position 属性。

（2）在 Add 下拉列表 Selector（选择器）栏中选择 Wiggly（摇摆），为文字添加随机工具，随机工具可以影响处于该动画设置下的所有属性。

（3）调整 Position 参数值为（17,77），可以看到字符位置在屏幕中随机运动。

（4）展开 Wiggly 卷展栏，如图 7-17 所示。Mode（模式）：用于设置每个选择器与其上部选择器的合并方式；Amount（数量）：用于分别设置随机效果的最大和最小程度；Based on（基于）：随机变化是基于 Character（字符，空格算一个字符）、Excluding Space（字符，不包含空格）、Words（单词）、Lines（行）；Wiggles/Second 用于控制随机速度，数值越高，随机变化速度越快；Correlation（相关）：用于设置字符间的关联程度，100% 表示所有字符使用相同的随机值，0% 表示所有字符使用独立的随机值；Temporal Phase（时间相位）和 Spatial Phase（空间相位）：分别控制随机字符在时间和空间上的开始相位；Lock Dimensions：参数设置为 On，可以在随机缩放的同时保持字符的宽高比不变；Random Seed（随机种子）：通过指定数值来改变动画的开始时间。

图 7-17

（5）设置 Wiggles/Second 为 5，得到一个合适的字符抖动速度。在 Add 下拉列表 Property（属性）中选择 Fill Hue（填充色调），并设置其属性值为 0x+195，这样文本的颜色也产生随机变化。

（6）移动时间线到 2 秒处，展开 Range Selector 1，为 Start 参数记录关键帧（0%），移动时间线至 3 秒处，修改 Start 参数值为 100%。源文件 text03.aep 存储在"素材与源文件\Chapter 7\text"文件夹下。

3. 动画属性设置

本例将制作文字从右向左逐个从模糊到清晰显示，效果如图 7-18 所示。

图 7-18

（1）新建合成 PAL D1/DV，时长 8 秒。新建蓝色（# 034B62）固态层，在其上层新建黑色固态层，并在黑色固态层上建立椭圆遮罩，设置 Mask Feather（遮罩羽化）值为（232,232）pixels，效果如图 7-19 所示。

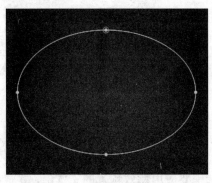

图 7-19

（2）输入文字，在 Animate 下拉列表中选择 Opacity（不透明度）属性。调整 Opacity 属性的值为 0，动画范围之内的文字全部不可见。

（3）展开 Range Selector 1（范围选择器）设置动画。激活 Offset（偏移）参数关键帧记录器，在 0 秒处设置 Offset 参数值为 100%，在 2 秒处设置其参数值为-100%。播放动画，可以看到文字从右往左逐个消失又逐个显示。

（4）接下来在 Add（添加）下拉列表中选择 Property（属性）| Scale（缩放），将缩放属性增加到动画中，设置其值为（400%,400%）；继续在 Add 下拉列表 Property 栏中选择 Blur（模糊），设置 Blur 参数值为（200,200）。

（5）展开 Advanced（高级）卷展栏。Units（单位）：其中 Index（索引）是使用绝对值计算字符、字或者文本行，Percentage（百分比）是使用百分数计算字符、字或者文本行。Shape（形状）：设置文本动画变化的形状。如图 7-20 所示。

图 7-20

（6）设置 Shape 为 Ramp Down，播放动画可以看到文字从右向左由模糊到清晰缩放显示。接下来制作文字消失动画。在 4 秒处设置 Offset 参数值为 100%。

（7）变换文本。在 0:00:04:00 处激活 Text 属性下的 Source Text（源文本）关键帧记录器，在 0:00:04:01 处，双击文本进入文本编辑方式，修改文本为"热点透视"。继续制作"热点透视"的显示和消失动画。在 6 秒处设置 Offset 参数值为-100%，在 0:00:07:23 处设置 Offset 参数值为 100%。

（8）最后添加光效。新建黑色固态层，右击该层，在弹出的快捷菜单中选择 Effects（特

效）| Generate （生成）| Lens Flare（镜头光斑），添加 Lens Flare（镜头光斑）特效。设置 Lens Type（镜头类型），如图 7-21 所示。设置 Flare Center 关键帧动画，使光斑随着文字的显示进行左右移动。源文件 text04.aep 存储在"素材与源文件\Chapter 7\text"文件夹下。

图 7-21

4. 预设文本动画

After Effects CS6 提供了更多、更丰富的 Effects & Preset（特效预置）创建文本动画，并可以借助 Adobe Bridge 软件可视化地预览这些特效预置。基本创建过程如下所示。

（1）在时间线窗口中选中要应用特效预置的文本层，并将当前时间指针放置到开始特效的时间位置。

（2）通过 Window | Effects & Presets 命令，打开特效预置面板，如图 7-22 所示。

（3）在特效预置面板找到需要的文本特效，直接拖曳到目标文本上即可。

（4）如果想更直观地观看预置动画，然后赋予给当前选择层，可以通过菜单 Animation（动画）|Browse Presets（浏览预设）命令，打开 Adobe Bridge 软件动态预览各特效预置。最后，在合适的特效预置上双击即可。

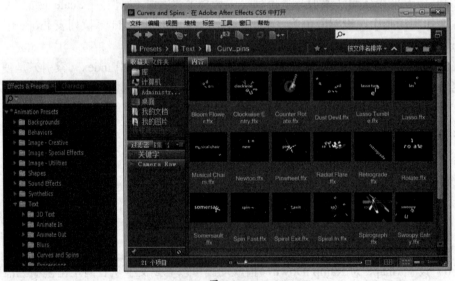

图 7-22

7.2.3 三维文本动画

After Effects CS6 可以对文本层中单个的字母或者单词进行维度上的控制。本例制作文字一行一行逐个倒下的动画，效果如图 7-23 所示。

图 7-23

（1）新建时长为 2 秒的 PAL D1/DV 制作的合成。新建暗绿色（＃095D4A）固态层，打开该层的三维开关。按 R 键展开该层的旋转属性，设置 X Rotation 值为 90。

（2）新建摄像机，利用摄像机工具调整视角。输入文字层，文字属性如图 7-24（a）所示。单击 Animate 下拉列表，从中选择 Enable Per-character 3D（激活每个文本的三维能力），启用文本三维功能。选择文本层，按 R 键展开旋转属性，设置 X Rotation 值为-90，按 P 键展开位置属性，设置其值为（228,286,0），效果如图 7-24（b）所示。

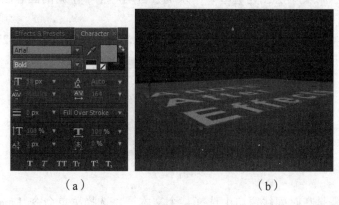

（a）　　　　　　　　　　　（b）

图 7-24

（3）再次单击 Animate 下拉列表，从中选择 Rotation，设置 X Rotation 值为 90，效果如图 7-25 所示。

图 7-25

（4）展开 Range Selector 1 中的属性，移动时间指针至 1 秒处，激活 Offset 的关键帧记录器，产生第 1 个关键帧，移动时间指针至 0:00:01:24 位置，设置 Offset 值为 100，完成文字逐个倒下动画。摄像机动画和灯光参照源文件 text04.aep 存储在"素材与源文件\Chapter 7\text"文件夹下。

7.2.4 文本层转换为 Mask 或 Shape

After Effects CS6 可以将文本的边框轮廓自动转换为遮罩，如图 7-26 所示。

图 7-26

具体操作步骤是在时间线窗口中选择某个文本层，选择菜单命令 Layer（层）| Create Masks from Text（从文本层创建遮罩），系统会自动产生一个新的固态层，并且在该层上产生由文本轮廓转化的 Mask。

After Effects CS6 也可以将文本的边框轮廓自动转换为形状，如图 7-27 所示。

图 7-27

具体操作步骤是在时间线窗口中选择某个文本层，选择菜单命令 Layer（层）| Create Shape from Text（从文本层创建形状），系统会自动产生该文本的形状图层。

7.3 项目实施

7.3.1 导入素材

（1）首先，启动 After Effects CS6，选择 Edit（编辑）| Preferences（首选项）| Import（导入）菜单命令，打开 Preferences（首选项）对话框，设置 Still Footage（静态脚本）的导入长度为 15 秒。

（2）在 Project（项目）窗口中双击，打开 Import File（导入文件）对话框，选择"素材与源文件\Chapter7\Footage"文件夹中的 tu1.jpg~tu4.jpg 文件，在 Import Kind（导入类型）下拉列表中选择 Footage 选项，将素材导入。用同样的方法将"画笔.psd"、"墨迹.psd"、"竹子.psd"和"水波.psd"以 Footage 方式导入。

7.3.2 场景一的制作

（1）在 Project（项目）窗口中的空白处右击，在弹出的快捷菜单中选择 New Composition 命令，在打开的 Composition Settings（合成设置）对话框中进行设置，新建 final 合成，如图 7-28 所示。

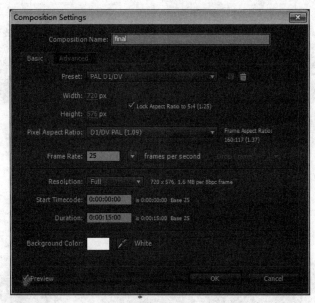

图 7-28

（2）将 Project（项目）窗口中"水波.psd"素材拖至 final 合成中，按 Ctrl+Alt+F 组合键将该层放大至满屏。继续拖动 tu4.jpg 素材至"水波.psd"层的上方，按 S 键展开该层的 Scale（尺寸）属性，设置属性值为（66%,66%），按 Ctrl+D 快捷键复制该层。选择复制层，更改该层的名称为"tu4 投影"。

（3）选择"tu4 投影"层，绘制如图 7-29（a）所示的矩形遮罩，按两次 M 键展开该层的 Mask 属性，设置 Mask Feather（遮罩羽化）属性，如图 7-29（b）所示。

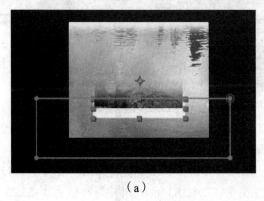

（a）

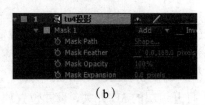

（b）

图 7-29

（4）选择工具栏中的 ▦（轴心点工具），调整"tu4 投影"层的轴心点至图像的底端，如图 7-30（a）所示。打开 tu4.jpg 和"tu4 投影"层的 3D 开关，选择"tu4 投影"层，按 R 键展开该层的旋转属性，设置 X Rotation 值为 0x+90。拖动"tu4 投影"层至 tu4.jpg 层的下端，效果如图 7-30（b）所示。

（a）   （b）

图 7-30

（5）新建摄像机层，如图 7-31 所示。选择 tu4.jpg 层，按 P 键展开该层的 Position（位置）属性，设置属性值为（228,399,0）。

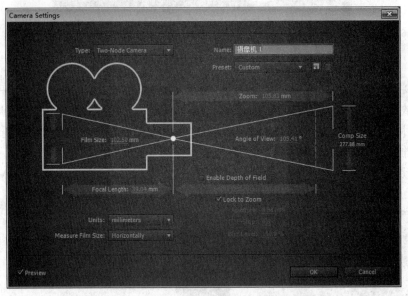

图 7-31

（6）选择"tu4 投影"层，在合成窗口中单击 ▦ 按钮，取消遮罩的显示。切换到 Left（左）视图，调整"tu4 投影"层的位置紧贴 tu4.jpg 层，如图 7-32 所示。

（7）切换到 Active Camera 视图中，从项目窗口中拖曳"墨迹.psd"素材至 tu4.jpg 层上方，打开该层的 3D 开关，设置位置属性值为（208,183,0），尺寸属性值为（-23,23,23%）取消尺寸的链接。

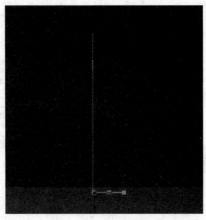

图 7-32

（8）选择"墨迹.psd"层，在该层上绘制矩形遮罩，如图 7-33（a）所示。按两次 M 键展开其 Mask 属性，设置 Mask Feather（遮罩羽化）属性值为（171,0）。拖动时间线到 0:00:00:08 处，单击 Mask Path（遮罩路径）左侧的关键帧开关，在此处建立一个关键帧，移动时间线至 0 秒处，双击遮罩路径，调整路径变换框，如图 7-33（b）所示，系统自动在此处建立关键帧。

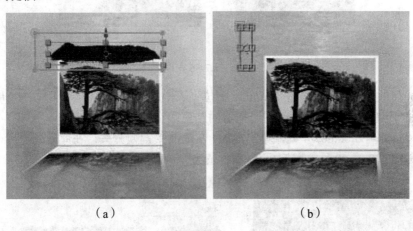

（a） （b）

图 7-33

（9）从项目窗口中拖动"竹子.psd"素材至"墨迹.psd"层下方，打开该层的 3D 开关，调整该层的 Position（位置）和 Scale（尺寸）属性，如图 7-34（a）所示，效果如图 7-34（b）所示。

（10）输入文字"名山秀水"，文字层属性设置如图 7-35（a）所示。展开文本层显示其 Text 属性，在 Animate（动画）下拉列表中选择 Opacity（不透明度）属性。设置 Animator 1 中的 Opacity 属性为 0%，拖动时间线至 0:00:00:05 处，单击 Range Selector 1（范围选择器 1）属性下的 Start 左侧的关键帧开关，在此处建立一个关键帧，如图 7-35（b）所示。拖动时间线至 0:00:00:14 处，调整 Start 属性值为 100%，自动在此处建立一个关键帧，完成文字逐个显示效果。

（a）　　　　　　　　　　（b）

图 7-34

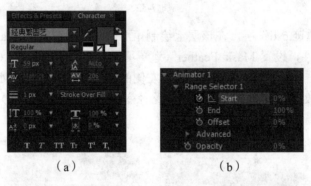

（a）　　　　　　　　　　（b）

图 7-35

（11）选择文字层，继续在 Animate 下拉列表中选择 Scale（尺寸）属性，展开 Range Selector 1，调整 End 属性值使范围选择器的结束端在"名"字的右侧，如图 7-36（a）所示。调整时间线至 0:00:00:14 处，单击 Scale 左侧的关键帧开关，在此处建立一个关键帧，移动时间线至 0:00:01:00 处，调整 Scale 属性值为（247%,247%）。效果如图 7-36（b）所示。

（a）　　　　　　　　　　（b）

图 7-36

（12）由于"名"字逐渐放大过程中遮挡旁边的文字，所以需要调整文字的间距。在 Animator 2（动画 2）右侧的 Add（添加）的下拉列表中选择 Property（属性）|Tracking（间距），调整时间线至 0:00:00:14 处，单击 Tracking Amount（间距数目）属性的关键帧开关在此处建立关键帧，移动时间线至 0:00:01:00 处，调整该属性的值为 57，自动在此处建立关键帧，制作文字间距拉开动画效果。

7.3.3 其他场景的制作

（1）其他场景的制作可以参照上面的方法，也可以通过复制替换的方式制作。选择"tu4 投影"层、tu4.jpg 层、"竹子.psd"层、"墨迹.psd"层和"名山秀水"文字层，按 Ctrl+D 快捷键复制，将原本的 5 层隐藏，将复制的 5 层拖放在一起，如图 7-37（a）所示。在时间线上选择 tu4.jpg 层，在项目窗口中选择 tu3.jpg，按住 Alt 键，将"tu3.jpg"拖至时间线的 tu4.jpg 层，将其替换。投影层替换方法相同，替换后更改层的名称，如图 7-37（b）所示。更改文字层的文字并删除文字层的 Animate 1 和 Animate 2。

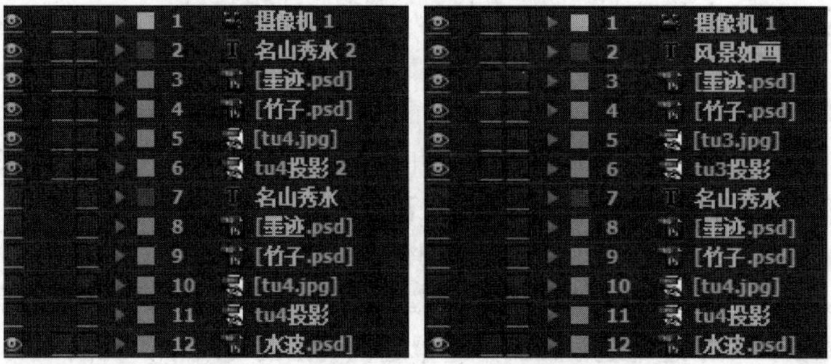

（a）　　　　　　　　　（b）

图 7-37

（2）"风景如画"文字层制作。展开文本层显示其 Text 属性，在 Animate 下拉列表中选择 Opacity（不透明度）属性。设置 Animator 1 中的 Opacity 属性为 0%，拖动时间线至 0:00:03:19 处，单击 Range Selector 1（范围选择器 1）属性下的 Start 左侧的关键帧开关，在此处建立一个关键帧。拖动时间线至 0:00:04:04，调整 Start 属性值为 100%，自动在此处建立一个关键帧，完成文字逐个显示效果。

（3）选择文字层，继续在 Animate 下拉列表中选择 Rotation（旋转）属性，设置 Animator 2 中的 Rotation 属性值为 0x+73。在 Animator 2 右侧的 Add（添加）的下拉列表中选择 Selector（选择器）|Wiggly（摇摆）。移动时间线至 0:00:04:04，单击 Range Selector 1（范围选择器 1）属性下的 Offset（偏移）左侧的关键帧开关，在此处建立一个关键帧。移动时间线至 0:00:05:00 处，调整 Offset 值为 100%，自动在此处建立一个关键帧，完成文字随机摇摆到逐渐恢复的动画效果。

（4）第三场景的"古色古香"文字层制作。在 Animate 下拉列表中选择 Opacity（不透明度）属性。设置 Animator 1 中的 Opacity 属性为 0%，拖动时间线至 0:00:07:20 处，单击 Range Selector 1（范围选择器 1）属性下的 Start 和 End 左侧的关键帧开关。移动时间线至 0:00:08:13 处，调整 Start 和 End 属性值均为 50%，制作从两边往中间逐渐显示的动画效果。

（5）在 Animator 1 右侧的 Add（添加）的下拉列表中选择 Property（属性）|Scale 属性，并调整 Animator 1 中的 Scale 属性值为（323%,323%）；继续在 Add（添加）的下拉列

表中选择 Property（属性）|Blur（模糊）属性，并调整 Animator 1 中的 Blur 属性值为（200,200），效果如图 7-38 所示，制作从两端往中间逐渐从模糊到清晰的缩小显示动画效果。

图 7-38

7.3.4 定版画面制作

（1）隐藏背景层外的其他图层，从项目窗口中拖动"竹子.psd"素材和"画笔.psd"素材到 final 合成中，输入文字"徽风皖韵"，并调整各层的位置，效果如图 7-39（a）所示。

（2）选择"画笔.psd"图层，绘制如图 7-39（b）右图所示的矩形遮罩，按两次 M 键展开其 Mask 属性，设置 Mask Feather（遮罩羽化）属性值为（96,0），移动时间线至 0:00:12:10 处，单击 Mask Shape（遮罩形状）左侧的关键帧开关，在此处建立一个关键帧。移动时间线至 0:00:12:00 处，双击遮罩边框，调节遮罩边框周围的变换框，如图 7-40 所示，自动在此处建立关键帧，完成从右往左逐渐显示的动画制作。

（a） （b）

图 7-39

图 7-40

（3）选择"徽风皖韵"文字层，在 Animate 下拉列表中选择 Opacity（不透明度）属性。设置 Animator 1 中的 Opacity 属性为 0%，拖动时间线至 0:00:11:13 处，单击 Range Selector 1（范围选择器 1）属性下的 Offset（偏移）左侧的关键帧开关，设置 Offset 属性值为 100%，移动时间线至 0:00:12:00 处，设置 Offset 属性值为-100%。

（4）在 Animator 1 右侧的 Add（添加）的下拉列表中选择 Property（属性）|Scale 属性，并调整 Animator 1 中的 Scale 属性值为（400%,400%）；继续在 Add（添加）的下拉列表中选择 Property（属性）| Blur（模糊）属性，并调整 Animator 1 中的 Blur 属性值为（120,120）。展开 Advanced（高级）属性栏，设置 Shape（形状）为 Ramp Down, Randomize Order（随机顺序）为 On，如图 7-41 所示。

图 7-41

（5）选择场景中的各个画面的若干层，在左视图中调整其前后位置，如图 7-42 所示，并制作摄像机的 Point of Interest（目标点）和 Position（位置）的关键帧动画，制作摄像机推进动画效果，具体参数可参照该项目的源文件。

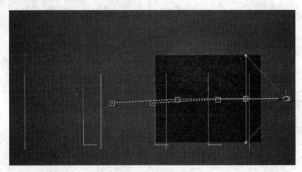

图 7-42

7.4 项目小结

本项目使用摄像机动画制作逐渐进入镜头的徽州的特色美景图，在一个镜头的制作中需要将不同元素添加进去，其色彩搭配与镜头构成都需要精心的策划，在元素选择上要秉持符合主题的原则。在处理镜头时，需要事先做好构思工作，通过草稿设计出最终效果，所以说，在项目制作中对于元素的把握和处理是至关重要的。

项目 8　片 花 制 作

8.1　项目描述及效果

1．项目描述

该项目是少儿频道广告播放前的一段片花。这是一个针对儿童观众群的栏目片花，因为目标诉求对象的定位为儿童，所以在画面色彩、图形风格、动画效果等方面多侧重于绚丽、活泼、卡通的效果表现，以迎合儿童的审美观。这样不仅可以突显主旨，还能引起小朋友的关注。

2．项目效果

本项目效果如图 8-1 所示。

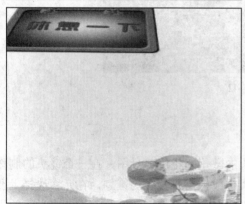

图 8-1

8.2 项目知识基础

8.2.1 Puppet（木偶角色）动画工具

Puppet 动画工具提供了对图层进行可控制的歪曲变形的处理功能。就好像图像被打印到了一个橡皮泥上，揉、捏、拉、扯橡皮泥就会让图像表演各种动作，并且 Puppet 动画工具会自动修整图层的相应轮廓，以适应动画的效果，进行抠像融合。动画角色的脚和手位置上的大头针被任意拖曳，从而形成角色的各种动作，如图 8-2 所示。

图 8-2

Puppet 动画工具其实由 3 个工具组成，分别是 Puppet Pin Tool（大头针工具） 、Puppet Overlap Tool（层次叠加工具） 和 Puppet Starch Tool（抑制固定工具） ，如图 8-3（a）所示。使用这些工具可在用网格包裹层的同时拉扯动画，如图 8-3（b）所示。

（a）　　　　　　　　　　　　　　（b）

图 8-3

1. Puppet Pin（大头针）工具

（1）工具介绍

该工具是 Puppet 动画工具组中的核心工具，这个工具至少有两个最关键的用处，一是可以固定不想移动的某个元素。二是可以拖曳移动想要移动的某个元素。当在画面中放置了 Pin（大头针）之后，Puppet 工具随之将通过网格细分的方式包裹住层，作为将来拉伸和挤压的依据。在工具栏右侧，还有几个参数很重要，如图 8-4 所示。

Mesh: ✓ Show　Expansion: 3　Triangles: 350　Record Options

图 8-4

- Mesh：是否显示网格。
- Expansion：通过此参数扩展或者收缩被包裹的区域范围。
- Triangles：构成网格的三角形数量以及对细分控制的程度。
- Record Options：角色动画录制选项，可以通过 Speed（速度跟踪）和 Smoothing（动画连贯）等参数来调整录制动画时的效率和动作平滑度。

（2）应用

下面举例说明使用 Puppet Pin 工具的操作流程。

① 在项目窗口中导入"素材与源文件\Chapter8\Puppet"文件夹下的 katong.psd，按住鼠标左键将其拖动到窗口下方的▣（创建新合成）按钮上，产生一个合成图像，并设置该合成时长为 2 秒。

② 在工具面板中单击 Puppet Pin Tool（大头针工具）图标✷激活该工具，工具面板右侧出现一系列的可选参数，选中 Show（显示网格）复选框，其余参数保持默认状态。

③ 移动当前时间线至第 0 帧位置（注意：当创建一个 Pin 时，会在当前时间位置自动产生一个关键帧，所以在创建前应先回到时间轴第 0 帧位置）。

④ 在角色的脚踝处产生一个 Pin，同时可以看到 katong.psd 层被一个 Mesh 网格包裹，每个网格都由三角形构成。这样通过网格分布就可以明确这个层是怎样被分割和包裹的。接下来，在另一个脚踝处单击产生另一个 Pin，如图 8-5（a）所示。

⑤ 在左手处单击产生一个 Pin，保持这个 Pin 的被选择状态，将鼠标指针移动到黄色的 Pin 点上方，指针变成一个白色的移动图标，在画面中单击并拖曳这个 Pin，观察角色其他部分相应的改变。脚踝处好像被钉子钉住了，不会被影响，但身体和头部都会旋转移动，所以在头部、腰部、膝关节等处放置 Pin，如图 8-5（b）所示。

（a）　　　　　　　　　　　（b）

图 8-5

⑥ 移动时间线至 1 秒处，在手部和右脚处的 Pin 移动到一个新的位置，如图 8-6（a）所示，选择当前层，按下 U 键展开所有关键帧，After Effects 为每一个 Pin 显示单独的 Position（位置）信息，实现对不同 Pin 的不同运动路径的记录，如图 8-6（b）所示。

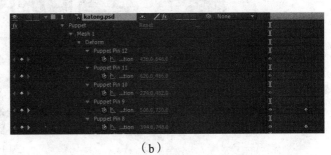

（a）　　　　　　　　　　　　　　　（b）

图 8-6

2. Puppet Overlap Tool（层次叠加工具）

（1）工具介绍

通过该工具可以在同一层的不同元素之间产生层次关系，以解决动画中的遮挡问题。在工具栏的右侧有两个很重要的参数，如图 8-7 所示。

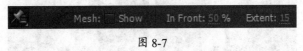

图 8-7

- In Front：指定层次深度，数值越高，层次越高；数值越低，则层次越低。
- Extent：控制节点的影响范围。

（2）应用

下面举例说明使用 Puppet Overlap Tool 的操作流程。

① 在项目窗口中导入"素材与源文件\Chapter8\Puppet"文件夹下的 katong.psd，按住鼠标左键将其拖动到窗口下方的▦按钮上，产生一个合成图像，设置该合成时长为 2 秒。

② 在 katong.psd 图层上设置 4 个 Pin（大头针），如图 8-8（a）所示的 4 个黄色小圈，一个在角色头部，一个在角色腰部，一个在手上，一个在胳膊上。

③ 拖动时间线至 1 秒处，拖曳角色左手处的 Pin，将其移动到身体部分，如图 8-8（b）所示。

④ 在工具面板中选择 Puppet Overlap Tool（层次叠加工具）▨，在灰色外框里单击角色衣服部分，将出现一个蓝色的点，并且在点的周围部分三角形网格将变成浅白色，如图 8-9（a）所示。其中，颜色越浅、越趋向白色，就代表这部分层次越高，能遮挡住其他部分；而颜色越深、越趋向黑色，就代表这部分层次越低，将被其他部分遮盖。这种层次

关系可以通过工具栏右侧的 In Front 或者通过时间轴窗口中 Overlap 属性下的 In Front 参数来调整，数值越高则层次越高，如果为负值，则层次向低级别发展。在本例中如果希望手在身体衣服的后面，可将 In Front 参数调整为 5。如果希望手在身体衣服的前面，可将 In Front 参数调整为-5，如图 8-9（b）所示。

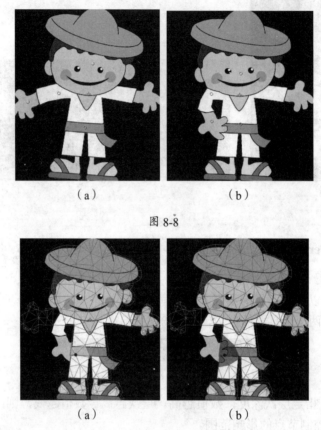

（a）　　　　　　　　　　（b）

图 8-8

（a）　　　　　　　　　　（b）

图 8-9

⑤ 默认情况下，围绕此蓝点的部分面积比较小，并没有包含整个衣服区域，可通过调整工具栏右侧的 Extent（范围）参数或者时间轴窗口中 Overlap 属性下的 Extent 参数来实现层次范围面积的控制，如图 8-10 所示。

图 8-10

3. Puppet Starch Tool（抑制固定工具）

（1）工具介绍

有时层的某个部分可能比想象中更灵活，更容易受其他部分动作的影响，或者在动画过程中会出现一些扭曲错误。一种解决方法就是通过增加 Triangles（三角形）参数值来增加包裹层的 Mesh 网格三角形元素，对层进行更为细致的细分操作，让 Pin 的影响范围控制得更加细腻，调整其中的一个时不会影响太多的部分；又或者再添加几个 Pin 进行关键点的切割，使影响范围分摊、减小；另一种解决方法是通过 Puppet Starch Tool（抑制固定工具）强制某些部分不受 Pin（大头针）的影响，不会被拉扯变形。在工具栏右侧还有两个重要的参数，如图 8-11 所示。

Mesh: ✓ Show　　Amount: 15 %　　Extent: 15

图 8-11

- Amount：控制抑制固定的强烈程度。
- Extent：控制每个节点的影响范围。

（2）应用

下面举例说明使用 Puppet Starch 工具的操作流程。

① 在项目窗口中导入"素材与源文件\Chapter8\Puppet"文件夹下的"katong.psd"，按住鼠标左键将其拖动到窗口下方■按钮上，产生一个合成图像，设置该合成时长为 2 秒。

② 在 katong.psd 图层上设置 4 个 Pin（大头针），分别在角色双肩和双手上，如图 8-12（a）所示。移动时间线至 1 秒处，移动左手和右手上的 Pin，可能会出现头部的移动过于强烈而不自然，如图 8-12（b）所示。

（a）　　　　　　　　　（b）

图 8-12

③ 为了修正头部的反应过度错误，在工具栏中选择 Puppet Starch Tool（抑制固定工具）■。一个灰色的外框描绘在被包裹层的外型边缘，单击角色头部中间偏上的区域，添加一个红色的 Starch Pin（抑制固定大头针），如图 8-13（a）所示。

④ 通过观察，不难发现抑制固定的范围还不够，并没有覆盖整个头部，因此，保持红色的 Starch Pin（抑制固定大头针）被选中的状态，通过调整工具面板最右侧的 Extent（范围）参数或者通过时间轴窗口中 Starch（抑制固定）属性下的 Extent（范围）参数来调整其控制范围，将 Extent 参数值增加为 190 左右，如图 8-13（b）所示。

（a） （b）

图 8-13

⑤ 处理完成后，将大大降低手部运动对头部的影响。如果觉得效果还不够明显，还可以通过工具栏中的 Amount（强度）参数或者时间轴窗口中 Starch（抑制固定）属性下的 Amount（强度）参数调整抑制固定的强烈程度，如图 8-14 所示。

图 8-14

4. 实时动画

（1）在项目窗口中按住鼠标左键将 katong.psd 拖动到窗口下方的▩按钮上，产生一个合成图像，设置该合成时长为 2 秒。

（2）在 katong.psd 图层上设置 5 个 Pin（大头针），选择卡通人物左腿上的两个 Pin，按下 Ctrl 键，单击这两个 Pin 并拖曳做踢腿动画，系统将自动记录当前的动画，直到松开鼠标或时间走到合成时间的末尾停止，如图 8-15 所示。

（3）按住 Ctrl 键拖动关节点时，可以看到出现黄色边框，实时显示当前的动作状态，这样就可以完全依靠真实的动作手感来调节动画，效果非常逼真，之后只需简单地对关键帧做一些调整即可。单击工具栏上方的 Record Options 栏，会弹出对话框，如图 8-16 所示，可对实时动作做一些简单的设定。Speed（速度）栏用于设置动画速度，默认的 100%情况下，和拖动时的动作速度是一样的；Smoothing（光滑）栏用于设置动画的动作平滑度。选中 Show Mesh（显示网格）复选框，可在做动作时显示网格。动画可以针对单个关节点设置，也可以同时对多个关节点一起设置，这样它们的影响范围也会有所区别。

图 8-15

图 8-16

8.2.2　Shape Layer（矢量图形层）

1.　矢量图形

After Effects CS6 提供了一系列的矢量图形绘制工具，如图 8-17（a）所示，其中包括 Rectangle Tool（矩形工具）▣、Rounded Rectangle Tool（圆角矩形工具）▣、Ellipse Tool（椭圆形工具）●、Polygon Tool（多边形工具）⬟、Star Tool（星形工具）★ 和 Pen Tool（钢笔工具）✎。

与创建 Mask（遮罩）不同的是，在 Shape Layer 上创建矢量图形之后，仍然可以对绘制工具的某些特殊属性参数进行修改，如图 8-17（b）所示。例如，调整星形的角的数量、多边形边的数量等。

同 Mask（遮罩）相同的是，除了创建规则矢量图形以外，After Effects 还提供了自由绘制矢量图形的能力，并且每个图形都可以单独控制其 Stroke（描边）和 Fill（填充）等效果。另外，为了配合 Shape Layer，After Effects 还提供了诸如 Wiggle Paths（随机抖动）和 Twist（扭曲）之类的特效，如图 8-18 所示，专门用来修改 Shape Layer 和创作 Shape Layer 动画。

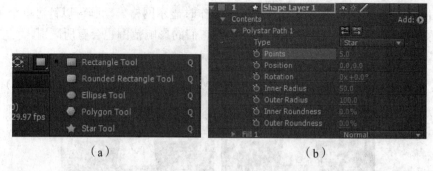

（a）　　　　　　　　　　（b）

图 8-17

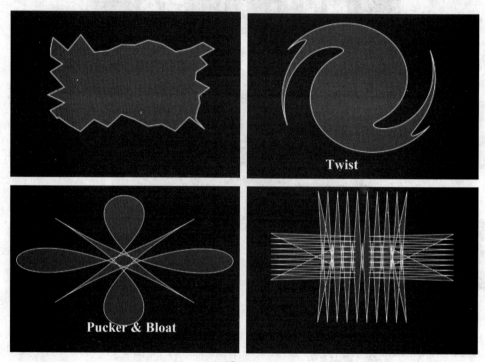

图 8-18

　　一个 Shape Layer 可以有多个矢量图形，并且 After Effects 还提供了多种组合和混合这些图形的功能，如图 8-19 所示。

图 8-19

2. 矢量图形的创建

（1）新建一个项目文件 shape1.aep，新建 PAL D1/DV 制式的合成，时长 2 秒。选择 Rounded Rectangle Tool（圆角矩形工具）■，当选择了这类矢量图形工具时，在工具栏右侧将出现一些相应的参数和选项，如 Fill（填充）、Stroke（描边）和 Stroke Width（描边宽度）等，如图 8-20 所示。

图 8-20

（2）在单击并拖曳鼠标绘制圆角矩形时，不要松开鼠标，可以通过键盘的"↑"键和"↓"键或滚动鼠标中间键来调整圆角的大小。同样，这种方式也可以用于绘制 Polygon（多边形）和 Star（星形），只不过一个是调整边的数量，一个是调整角的数量。

（3）单击 Fill（填充）文本按钮，打开 Fill Options（填充选项）对话框，如图 8-21 所示。在该对话框中可以选择各种填充方式，如 None（无填充）、Solid（单色填充）、Linear Gradient（线性渐变填充）和 Radial Gradient（辐射渐变填充），还可以设置 Blend Mode（融合模式）和 Opacity（不透明度）选项。单击 Stroke（描边）文本按钮，可打开 Stroke Options（描边选项）对话框，其界面类似于 Fill Options（填充选项）对话框。

图 8-21

（4）单击 Fill（填充）和 Stroke（描边）右侧的色块，可以打开调色板，选择需要的填充色和描边色，本例中选择红色为填充色，黄色为描边色。

（5）将 Stroke（描边）色块右侧 Stroke Width（描边宽度）设置为 5px，在合成窗口中单击并拖曳鼠标绘制图形，如图 8-22（a）所示，一个 Shape Layer 将被添加到时间轴中，如图 8-22（b）所示。

（a）

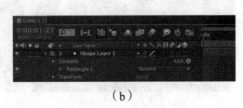

（b）

图 8-22

注意：矢量图形工具和蒙版工具是同一工具，绘制时一般有以下 3 种规律。

● 如果当前选择的是一个非 Shape Layer，After Effects 会假定用户想绘制 Mask（遮罩）。

● 如果在没有选择任何图层的情况下，After Effects 会假定用户想要绘制图形，并自动创建一个 Shape Layer。

● 如果当前选择的是一个 Shape Layer，工具栏将自动出现两个选项切换按钮 ★ ▨，通过这两个按钮可以切换矢量工具，进行图形绘制或 Mask 绘制。

3. 矢量图形的编辑

（1）打开 shape1.aep 文件，展开第一个图形 Rectangle 1，可以看到以下基本属性：Path（路径）属性、Stroke（描边）属性、Fill（填充）属性和 Transform（变换）属性。默认情况下，Stroke（描边）总是在 Fill（填充）之上，在时间轴中拖曳 Fill 1 到 Stroke 1 之上，则填充将覆盖到描边之上。设置填充的不透明度为 50%，这样能够透过填充色看到部分描边色，如图 8-23 所示。

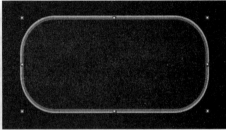

图 8-23

（2）单击 Rectangle Path 1 左侧的小三角形按钮，展开其详细属性和参数，如图 8-24（a）所示。其中，Size 用于图形尺寸设置；Position 用于位置偏移设置，即让图形基于路径和层实现一定的偏移；Roundness 用于圆角大小参数设置。这里设置 Position 属性值为（150,0）。

（3）单击 Transform:Rectangle 1 左侧的小三角形按钮，展开其详细属性和参数，如图 8-24（b）所示。其中各项参数用于控制各个图形组中本组的属性信息。

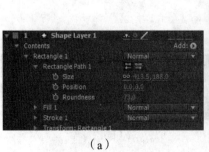

（a）   （b）

图 8-24

（4）如图 8-25 所示的 Shape Layer 下的 Transform 属性同其他普通层属性是一样的，用于控制整个图形层的位置、缩放、旋转等属性。

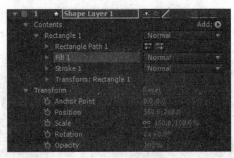

图 8-25

4. 同一图层添加多个矢量图形

（1）新建一个项目文件 shape2.aep，新建 PAL D1/DV 制式的合成，时长 2 秒。选择菜单命令 Layer（图层）|New（新建）|Shape Layer（形状图层），在合成中创建一个形状图层，这是一个暂时没有内容的图层。

（2）在形状图层下的 Contents 右侧单击 Add 后的 按钮，在弹出的菜单中选择 Polystar，添加一个 PolyStar Path 1，设置 Points（点）为 3，Inner Radius（内径）为 112，如图 8-26 所示。

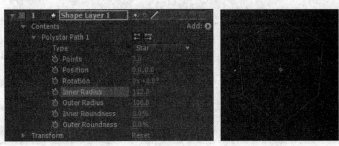

图 8-26

（3）在形状图层下的 Contents 右侧单击 Add 后的 按钮，在弹出的菜单中选择 Stroke 命令，添加一个描边效果，将颜色设为白色，Stroke Width（描边宽度）设置为 15，如图 8-27 所示。

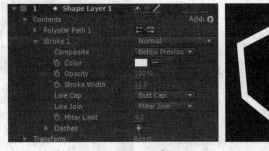

图 8-27

（4）在形状图层下的 Contents 右侧单击 Add 后的▶按钮，在弹出的菜单中选择 Gradient Fill 命令，添加一个渐变填充效果，设置渐变 Type（类型）为 Radial（放射状），Start Point（起始点）为（-21,0），End Point（结束点）为（200,0），单击 Colors 右侧的 Edit Gradient，打开 Gradient Editor（渐变编辑器）对话框，设置渐变起始颜色为#4569DF，如图 8-28 所示。

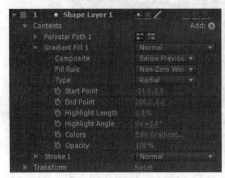

图 8-28

（5）在形状图层下的 Contents 右侧单击 Add 后的▶按钮，在弹出的菜单中选择 Polystar，添加一个 Polystar Path 2，设置 Points（点）为 6，Inner Radius（内径）为 52，Outer Radius（外径）为 90，如图 8-29 所示。

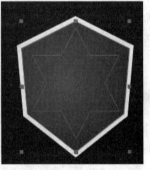

图 8-29

（6）在形状图层下的 Contents 右侧单击 Add 后的▶按钮，在弹出的菜单中选择 Ellipse，添加一个 Ellipse Path 1，设置 Size（尺寸）为（67,67），如图 8-30 所示。

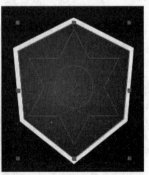

图 8-30

（7）在形状图层下展开 Gradient Fill 1，设置 Fill Rule（填充规则）为 Even-Odd（奇偶）方式，可发现图形重叠处填充方式发生变化，实现了镂空效果，如图 8-31 所示。

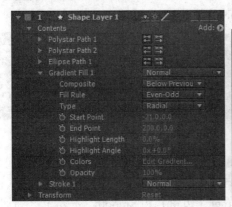

图 8-31

5．图形特效的利用

（1）打开项目文件 shape1.aep，在形状图层下的 Contents 右侧单击 Add 后的 按钮，在弹出的菜单中选择 Trim Paths（裁剪路径）命令，添加 Trim Paths（裁剪路径）特效。

（2）展开 Trim Path 详细属性和参数，如图 8-32 所示。通过调整 Start（开始）和 End（结束）参数决定路径勾画的起始和结束位置，实现只有部分图形被绘制的特效。

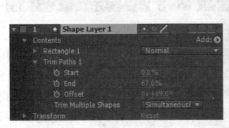
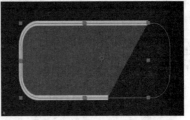

图 8-32

（3）为了更有效地测试其他的一些路径特效，单击 Trim Path 1 左侧的 按钮，暂时关闭此特效功能。在时间轴中再次单击 Add 按钮，选择 Twist（扭曲）命令，添加 Twist 特效。

（4）展开 Twist，详细属性和参数，如图 8-33 所示。Twist（扭曲）特效的具体参数只有一个 Angle（角度）控制，调整此参数，并观察合成预览窗口中得到的各种不同结果，完成后，暂时关闭此特效功能。

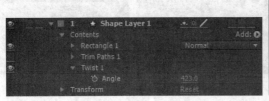

图 8-33

（5）在时间轴中再次单击 Add 按钮，选择 Pucker & Bloat（褶皱和膨胀）命令，添加 Pucker & Bloat 特效。展开其具体参数，如图 8-34 所示。多尝试几个不同的数值，看看都会有一些什么样的特殊效果。完成后暂时关闭此特效功能。

图 8-34

（6）在时间轴中再次单击 Add 按钮，选择 Zig Zag（锯齿形）命令，添加 Zig Zag（锯齿形）特效。展开其具体参数，如图 8-35 所示。调整 Size（尺寸）和 Ridges（褶皱数量），并调整 Points（节点类型）参数，在 Corner（边角）和 Smooth（光滑）之间切换，看看各种不同的特效效果。完成之后，单击 Zig Zag 1 左侧的 按钮，暂时关闭此特效功能。

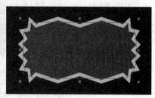

图 8-35

（7）在时间轴中再次单击 Add 按钮，选择 Wiggle Path（随机扭曲）命令，添加 Wiggle Path（随机扭曲）特效。展开其详细属性和参数，如图 8-36 所示。Wiggle Path（随机扭曲）特效同其他图形特效不同，其他特效都是静态的，必须有两个或两个以上的不同关键帧信息才能形成特效动画；而 Wiggle Path 特效可以在没有关键帧变化的情况下根据 Wiggle/Second（改变频率）和 Correlation（改变模式）参数设置，产生随机的动画信息。完成后选择该特效，按下 Delete 键删除此特效。

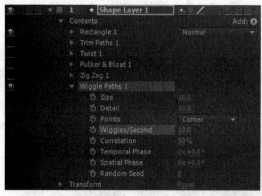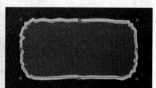

图 8-36

（8）在时间轴窗口中，单击 Rectangle 1 下 Fill 1 左侧的 按钮，暂时关闭填充功能，如图 8-37 所示，仅留下描边效果。

图 8-37

（9）在时间轴中再次单击 Add 按钮，选择 Repeater（重复）命令，添加 Repeater（重复）特效。展开其详细属性和参数，如图 8-38（a）所示。调整 Copies（复制次数）为 5，Repeater 1 下的 Transform 中的属性是重复图形的变换属性，设置 Position（位置）为（0,0），Scale（缩放）为（75%,75%），Rotation（旋转）为 30，End Opacity（结束处不透明度）为 10%，效果如图 8-38（b）所示。

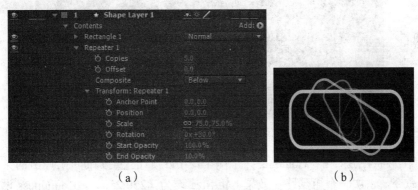

（a）　　　　　　　　　　　　　　（b）

图 8-38

（10）移动时间先至第 0 秒处，调整 Offset（偏移值）直到图形在合成预览窗口中消失，本例中其值大约为 16，单击 Offset 左侧的关键帧开关，打开关键帧自动记录器，产生第 1 个关键帧。按下 End 键，移动当前时间指针至时间轴的末端，再次调整 Offset 值直到图形在合成预览窗口中出现、放大、超出屏幕消失，本例中其值大约为-10。按下数字键盘的 0 键对动画进行内存预览，可看到一个时空虫洞的动画效果。

6．复合路径

（1）新建一个项目文件 shape3.aep，新建 PAL D1/DV 制式的合成，时长 2 秒。选择菜单命令 Layer（图层）|New（新建）|Shape Layer（形状图层），在合成中创建一个形状图层，这是一个暂时没有内容的图层。

（2）在形状图层下的 Contents 右侧单击 Add 后的 按钮，在弹出的菜单中选择 PolyStar 命令，添加一个 PolyStar Path 1。继续单击 Add 后的 按钮，在弹出的菜单中选择 Stroke 命令，添加一个描边效果，将颜色设为#64B4FF，Stroke Width 设为 15，如图 8-39 所示。

（3）在形状图层下的 Contents 右侧单击 Add 后的 按钮，在弹出的菜单中选择 Gradient Fill 命令，添加一个渐变填充效果，设置渐变 Type（类型）为 Radial（放射状），End Point 为（200,0），单击 Colors 右侧的 Edit Gradient，打开 Gradient Editor（渐变编辑器）对话框，设置渐变起始颜色为#647DFF，如图 8-40 所示。

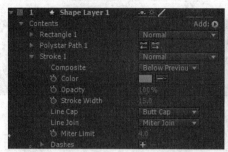

图 8-39

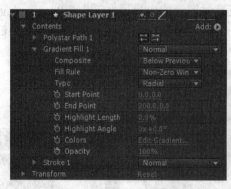

图 8-40

（4）在形状图层下的 Contents 右侧单击 Add 后的 ▶ 按钮，在弹出的菜单中选择 Rectangle 命令，添加一个矩形路径效果，将 Size 设为（250,250），Roundness 设为 30，如图 8-41 所示。

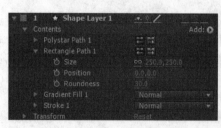

图 8-41

（5）在形状图层下的 Contents 右侧单击 Add 后的 ▶ 按钮，在弹出的菜单中选择 Merge Path 命令，设置 Mode 为 Exclude Intersections（排除相交），如图 8-42 所示。

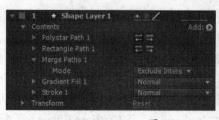

图 8-42

8.3 项目实施

8.3.1 导入素材

（1）首先，启动 After Effects CS6，选择 Edit（编辑）| Preferences（首选项）| Import（导入）菜单命令，打开 Preferences（首选项）对话框，设置 Still Footage（静态脚本）的导入长度为 5 秒。

（2）在 Project（项目）窗口中双击，打开 Import File（导入文件）对话框，选择"素材与源文件\Chapter 8\Footage"文件夹中的 baloom.psd、rope1.psd、rope2.psd、texture01.jpg 文件，在 Import Kind（导入类型）下拉列表中选择 Footage 选项，将素材以脚本方式导入。用同样的方法将 cartoon.psd 和 cartoon1.psd 以 Composition-Retain Layer Size 方式导入。

8.3.2 卡通动画制作

（1）在 Project（项目）窗口中双击 Cartoon 合成，在时间线窗口中打开该合成。选择 Layer1 图层和 Layer3 图层，按 T 键展开两层的 Opacity（不透明度）属性，移动时间线至第 0 秒处，单击 Opacity 属性左侧的关键帧开关，设置当前时间线处两层的该属性值均为 0%，移动时间线至 0:00:00:05 处，设置当前时间线处两层的该属性值均为 100%，制作两层的渐显动画。

（2）选择 Layer2 图层，使用钢笔工具添加如图 8-43（a）所示的 Mask（遮罩），移动时间线至 0:00:00:05 处，按 M 键展开 Mask Shape（遮罩形状）属性，单击 Mask Shape 左侧的关键帧开关，移动时间线一段距离，修改遮罩形状，直到 3 秒处使该层的图像完全显示出来，如图 8-43（b）所示，制作蔓藤生长动画。

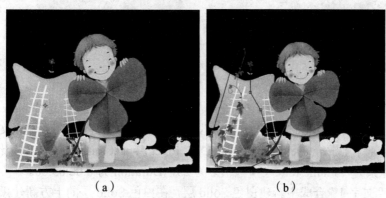

（a）   （b）

图 8-43

（3）选择 Layer3 图层，使用 Puppet Pin Tool（大头针工具）在卡通人物身上放置 7 个 Pin，在 0:00:00:05 至 0:00:02:09 时间范围内制作 Puppet Pin 动画，使卡通人物自由扭动，如图 8-44 所示。

图 8-44

（4）在 Project（项目）窗口中双击 Cartoon1 合成，在时间线窗口中打开该合成。选择 GIRL 图层、BOY 图层和 BALLON1 合成，按 P 键展开其 Position（位置）属性，制作 3 个图层 2 秒至 3 秒间的移动动画。

（5）选择 GIRL 图层、BOY 图层，使用 Puppet Pin Tool（大头针工具） 分别在卡通人物身上放置 2 个 Pin，在 3 秒至 4 秒时间范围内制作 Puppet Pin 动画，使卡通人物做移动动作，如图 8-45 所示。

图 8-45

8.3.3 文字板的制作

（1）在 Project（项目）窗口的空白处右击，在弹出的快捷菜单中选择 New Composition 命令，在打开的 Composition Settings（合成设置）对话框中进行设置，新建"文字 1"合成，其中 Width（宽）为 720，Height（高）为 576，Pixel Aspect Ratio（像素宽高比）为 Square Pixel（方形像素），Frame Rate（帧频率）为 25，Duration 为 0:00:05:00。

（2）在"文字 1"合成中新建白色 Solid 层，在白色 Solid 层的上方新建黑色 Solid 层，在此固态层上绘制椭圆形遮罩，按两次 M 键展开该层的 Mask（遮罩）属性，设置 Mask Feather（遮罩羽化）值为（260,260）pixels，如图 8-46 所示，制作渐变背景。

（3）在黑色固态层上方新建文字层，输入文字"休息一下"，参数如图 8-47 所示。

右击该文字层，在弹出的快捷菜单中选择 Layer Styles（层样式）| Drop Shadow（投影）命令，为文字层添加投影图层样式。

图 8-46

图 8-47

（4）新建"文字 2"合成，合成设置同"文字 1"合成。复制"文字 1"合成的两个固态层至"文字 2"合成中。在"文字 2"合成中输入文字"广告也精彩"，文字属性设置如图 8-48 所示。

（5）展开"文字 2"合成的文字层，在 Text 属性右侧单击 Animate 旁边的 ● 按钮，在弹出的下拉列表中选择 Property （属性）| Rotation（旋转）命令。再次单击 Animate 旁边的 ● 按钮，在弹出的下拉列表中选择 Selector （选择器）| Wiggly（摇摆器）命令。继续单击 Animate 旁边的 ● 按钮，在弹出的下拉列表中选择 Property （属性）| Fill Color（填充颜色）命令，并设置 Rotation 和 Fill Hue 的属性值，如图 8-49 所示。

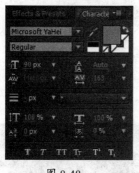

图 8-48

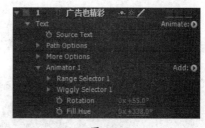

图 8-49

（6）新建"文字板"合成，合成设置同"文字 1"合成。从项目窗口中拖曳 texture01.jpg 素材至"文字板"合成，单击该图层左侧的 ● 按钮，隐藏该图层。

（7）不选择任何图层，选择工具栏的圆角矩形工具 ，在窗口中绘制圆角矩形，系统自动新建 Shape Layer 1 图层，展开该图层 Contents 属性中 Rectangle 1 中的属性，删除其中的 Stroke 1 和 Fill 1 属性，设置 Rectangle Path 1 中的 Size（尺寸）属性值为（424,304），Roundness（圆角）属性值为 20，设置 Transform:Rectangle 1 中的 Position（位置）属性值为（-12,58），如图 8-50 所示。

（8）单击 Shape Layer 1 图层 Add 右侧的 ● 按钮，在弹出的下拉列表中选择 Ellipse 命令，在矩形上添加一个椭圆图形，设置椭圆的 Size（尺寸）和 Position（位置）属性，如图 8-51 所示。

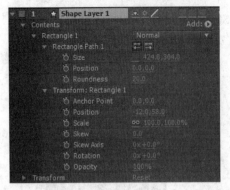

图 8-50

图 8-51

（9）继续单击 Shape Layer 1 图层 Add 右侧的按钮，在弹出的下拉列表中选择 Ellipse 命令，设置 Ellipse Path 2 的 Size（尺寸）和 Position（位置）属性，如图 8-52（a）所示，效果如图 8-52（b）所示。

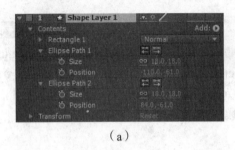

（a）

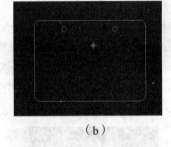

（b）

图 8-52

（10）继续单击 Shape Layer 1 图层 Add 右侧的按钮，在弹出的下拉列表中选择 Rectangle 命令，设置 Rectangle Path 1 中的属性，如图 8-53（a）所示，效果如图 8-53（b）所示。

（a）

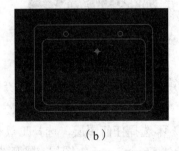

（b）

图 8-53

（11）继续单击 Shape Layer 1 图层 Add 右侧的按钮，在弹出的下拉列表中选择 Fill 命令，设置 Fill 1 中的 Fill Rule（填充规则）为 Even-Odd（奇偶），Color（颜色）为#53BEF0，如图 8-54 所示。右击 Shape Layer 1 图层，在弹出的快捷菜单中选择 Layer Styles（层样式）| Bevel and Emboss（斜面和倒角）命令，为文字层添加斜面和倒角图层样式。

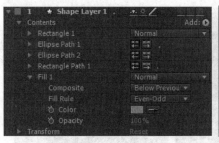

图 8-54

（12）右击 Shape Layer 1 图层，在弹出的快捷菜单中选择 Effects（特效）| Stylize（风格化）| Texturize（纹理）命令，为该层添加纹理特效，设置 Texture Layer（纹理图层）为 2.texture01.jpg，如图 8-55（a）所示，效果如图 8-55（b）所示。

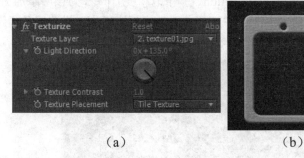

（a）　　　　　　　　　　　　　　　（b）

图 8-55

（13）从项目窗口中拖曳素材 rope1.psd 至"文字板"合成的 Shape Layer 1 图层上方，展开其 Transform（变换）属性，设置其 Scale、Rotation 和 Position 属性，如图 8-56（a）所示。选择钢笔工具，在该图层上绘制遮罩将绳子上面的部分隐藏，并选中 Inverted（反转）复选框，如图 8-56（b）所示。

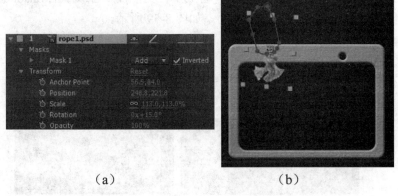

（a）　　　　　　　　　　　　　　　（b）

图 8-56

（14）再次从项目窗口中拖曳 rope1.psd 至"文字板"合成中，设置其 Transform 属性并添加 Mask 隐藏绳子的上半部分。从项目窗口中拖曳 rope2.psd 至"文字板"合成中 Shape Layer 1 图层的下方，设置该层的 Scale（缩放）、Rotation（旋转）和 Position（位置）属性，如图 8-57 所示。

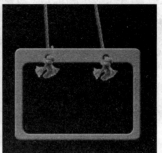

图 8-57

（15）选择"rope1.psd"图层，右击该图层，在弹出的快捷菜单中选择 Effects（特效）|
Color Correction（颜色校正）| Hue/Saturation（色相/饱和度）命令，为该层添加 Hue/Saturation
特效。在 Channel Control（通道控制）中选择 Greens（绿）通道，设置绿色通道的 Hue（色
相）和 Saturation（饱和度）值，如图 8-58 所示。

图 8-58

（16）从项目窗口中拖曳"文字 1"合成至"文字板"合成中的 Shape Layer 1 图层的
下方，调整该层的 Scale 和 Position 属性，如图 8-59 所示。

图 8-59

（17）打开 Shape Layer 1 和"文字 1"图层的 3D 开关，设置"文字 1"图层的父层为
Shape Layer 1 图层。设置两个 rope1.psd 和一个 rope2.psd 图层的父层为另一个 rope2.psd 图
层，如图 8-60 所示。

图 8-60

（18）使用工具栏的轴心点工具 ![icon]调整 Shape Layer 1 的轴心点位置，如图 8-61（a）所示，调整 rope2.psd（作为父层的）图层的轴心点位置，如图 8-61（b）所示。

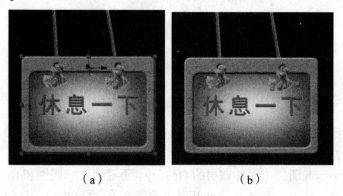

（a）　　　　　　　　　（b）

图 8-61

（19）在"文字板"合成中右击，在弹出的快捷菜单中选择 New（新建）| Null Object（空对象）命令，新建一个空对象图层。设置 Shape Layer 1 和 rope2.psd（作为父层的）两个图层的父层为空对象图层 Null 1。按 P 键展开"Null 1"图层的位置属性，移动时间线至 1 秒处，设置位置属性值为（288,242），单击该属性左侧的关键帧开关，移动时间线至 0 秒处，设置位置属性值为（288,-211），制作文字板整体下移动画。

（20）选择 Shape Layer 1 图层，展开其旋转属性，设置 Z Rotation 属性值为 0x+1，设置 1 秒至 2 秒做轻微的 X Rotation（X 轴旋转）动画。选择两个 rope1.psd 图层，展开其 Position（位置）和 Rotation（旋转）属性，制作 1 秒至 2 秒间轻微的旋转和位置动画（具体数值参照源文件）。

（21）在项目窗口中选择"文字板"合成，按 Ctrl+D 快捷键复制该合成，将复制出的合成改名为"文字板 2"，双击该合成名称，在时间线窗口中打开该合成，删除其中的 Null 1 图层，选择两个 rope1.psd 图层和 Shape Layer 1 图层，按快捷键 U 展开其关键帧，移动时间线至 2 秒，关闭（已经设置关键帧的）相应属性的关键帧开关，删除所有的关键帧。

（22）选择"文字板 2"合成中"文字 1"图层，按住 Alt 键，用鼠标从项目窗口中拖曳"文字 2"至该合成的"文字 1"图层上，用"文字 2"素材替换掉该层。

8.3.4　片花最终合成

（1）在 Project（项目）窗口新建 final 合成，设置 Duration（时长）为 0:00:04:10，其他参数同"文字 1"合成。

（2）在"final"合成中新建白色固态层，然后新建淡绿色（#DFFEAF）固态层，在该层上绘制椭圆形 Mask（遮罩），按两次 M 键展开 Mask 属性，设置 Mask Feather（遮罩羽化）属性值为（251,251）pixels，如图 8-62 所示。

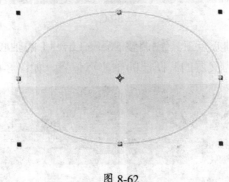

图 8-62

（3）从项目窗口中拖曳 cartoon、cartoon1、"文字板"、"文字板 2"至 final 合成中固态层的上方，打开这些层的 3D 开关。

（4）选择 cartoon 图层，展开该层的 Opacity（不透明度）属性和 Rotation（旋转）属性，移动时间线至 2 秒处，打开 X Rotation 关键帧开关；移动时间线至 0:00:02:10 处，设置 X Rotation 的属性值为 0x+90。再移动时间线至 0:00:02:05 处，打开 Opacity 的关键帧开关；移动时间线至 0:00:02:10 处，设置 Opacity 的属性值为 0%，制作该层的旋转消失动画。

（5）选择 cartoon1 图层，展开该层的 Opacity（不透明度）属性和 Rotation（旋转）属性，移动时间线至 0:00:02:05 处，打开 X Rotation 和 Opacity 属性的关键帧开关，设置属性值为 0x+90 和 0%；移动时间线至 0:00:02:10 处，设置属性值为 0x+0 和 100%，制作该层的旋转显示动画效果。

（6）选择"文字板"图层，展开其 Rotation（旋转）属性，移动时间线至 2 秒处，打开 X Rotation 关键帧开关；移动时间线至 0:00:02:10 处，设置该属性值为 0x-76。

（7）选择"文字板 2"图层，展开其 Rotation（旋转）属性，移动时间线至 0:00:02:10 处，打开 X Rotation 关键帧开关，设置属性值为 0x+108；移动时间线至 0:00:02:20 处，设置属性值为 0x+0。

8.4　项目小结

本项目通过片花制作，让大家了解到在视频制作中形状图层也是一个不可或缺的元素。通过这个项目，读者应逐步掌握形状图层的创建、编辑方法和木偶动画工具的使用方法。

项目 9 《节目预告》栏目制作

9.1 项目描述及效果

1. 项目描述

《节目预告》栏目主要展示即将播出的节目单，由于涉及要播出的节目名称和时间等文字信息，所以本项目使用描边文字板和遮罩文字动画来动态展示文字信息。在色彩上，为了拉近和观众的距离，统一使用红黄暖色调，加强温馨效果。在制作中涉及表达式和一些常用的基础特效的应用。

2. 项目效果

本项目效果如图 9-1 所示。

图 9-1

9.2 项目知识基础

9.2.1 常用基础特效

1. 使用和控制特效

（1）调整特效顺序

当某层应用多个特效时，特效会按照使用的先后顺序从上到下排列，即新添加的特效位于原特效的下方，如果想更改特效的位置，可以在 Effect Controls（特效控制）面板中通过直接拖动的方法，将某个特效上移或下移。不过需要注意的是，特效应用的顺序不同，产生的效果也会不同。

（2）临时关闭特效

在添加特效后，可以临时关闭它们。在 Effect Controls（特效控制）面板或 Timeline（时间线）面板中选择层，然后在 Effect Controls 面板单击特效名称左侧的特效开关或者在 Timeline 面板中单击特效名称左侧的效果开关，均可关闭相应特效。也可以单击该层开关栏中的效果开关，关闭该层的所有特效，如图 9-2 所示。

图 9-2

（3）删除特效

如果要删除一个特效，在 Effect Controls 面板中选择特效名称，然后按键盘上的 Delete 键即可。

若要删除一个或多个图层的所有特效，可在 Timeline 面板或 Composition（合成）窗口中选择相应层，然后选择 Effects（特效）| Remove All（删除全部）命令。

2. 3D Channel（三维通道）特效组

3D Channel 特效组主要用于对图形进行三维方面的修改，所修改的图形要带有三维信息，如 Z 通道、材质 ID 号、物体 ID 号、法线等，通过对这些信息的读取，进行特效的处理。该特效组一般用于模拟一些类似于景深、3D 雾或者蒙版的效果。

3. Audio（音频）特效组

音频特效主要用于对声音进行特效方面的处理，如回声、降噪等。After Effects CS6 为用户提供了 10 多种音频特效，以供用户更好地控制音频文件。

4. Blur & Sharpen（模糊与锐化）特效组

Blur & Sharpen（模糊与锐化）特效组主要用于对图形进行各种模糊和锐化处理，共有 17 种特效。

5. Channel（通道）特效组

Channel（通道）特效组通过控制、抽取、插入和转换图像的通道，对图像进行混合计算。

6. Color Correction（颜色校正）特效组

Color Correction（颜色校正）特效组用于对图像颜色进行调整，例如，调整图像的色彩、色调、明暗度及对比度等。

7. Distort（扭曲）特效组

Distort（扭曲）特效组可应用不同的形式对图像进行扭曲变形处理。

8. Generate（生成）特效组

Generate（生成）特效组可以在图像上创造各种常见的特效，如闪电、圆、镜头光晕等，还可以对图像进行颜色填充等。

9. Matte（蒙版）特效组

Matte（蒙版）特效组利用蒙版特效可以将带有 Alpha 通道的图像进行收缩或描绘的操作。

10. Noise & Grain（噪波和杂点）特效组

Noise & Grain（噪波和杂点）特效组主要用于为图像进行杂点颗粒的添加设置。

11. Perspective（透视）特效组

Perspective（透视）特效组可以为二维素材添加三维效果，主要用于制造各种透视效果。

12. Simulation（仿真）特效组

Simulation（仿真）特效组主要用来模拟各种符合自然规律的粒子运动效果。其中包括 Card Dance（卡片舞蹈）、Caustics（焦散）、Foam（冒泡）、Particle Playground（粒子游乐场）、Shatter（破碎）、Wave World（波纹世界）等特效。

13. Stylize（风格化）特效组

Stylize（风格化）特效组主要用于模仿各种绘画技巧，使图像产生丰富的视觉效果。

14. Time（时间）特效组

Time（时间）特效组主要以素材的时间作为基准来控制素材的时间特性。

15. Transition（切换）特效组

Transition（切换）特效组主要用来制作图像间的过渡效果。

9.2.2 常用基础特效实例应用

1. 模糊文字

（1）在项目窗口中导入"素材与源文件/Chapter9/Effects/Blur"文件夹下的 bg.avi，按住鼠标左键将其拖动到窗口下方的 ▣（创建新合成）按钮上，产生一个 Composition（合成）。在项目窗口中以 Composition-Retain Layers Sizes 方式导入 wenzi.psd。

（2）在项目窗口中展开 wenzi Layers 文件夹，拖动"时事追踪报道/wenzi.psd"素材至 bg 合成的 bg.avi 的上层，移动时间线至 0:00:01:15 处，按 Alt+]快捷键切割该层的出点。

（3）同理，从项目窗口中拖动"新闻背景分析/wenzi.psd"素材至 bg 合成的"时事追踪报道/wenzi.psd"图层的上方。移动时间线至 0:00:01:15 处，按 Alt+[快捷键切割该层的入点。

（4）选择"时事追踪报道/wenzi.psd"图层并右击，在弹出的快捷菜单中选择 Effects（特效）| Blur & Sharpen（模糊&锐化）| Directional Blur（方向模糊）命令，为该层添加 Directional Blur（方向模糊）特效。

（5）在 Effect Controls（特效控制）面板中设置 Direction（方向）属性为 90，Blur Length（模糊长度）为 50。移动时间线至 0 秒处，单击 Blur Length 属性左侧的关键帧开关，如图 9-3 所示。

图 9-3

（6）选择"时事追踪报道/wenzi.psd"图层，如图 9-4 所示，按 T 键展开该层的 Opacity（不透明度）属性，在 0 秒处打开该属性的关键帧开关，并设置属性值为 0。

图 9-4

（7）移动时间线至 0:00:00:05 处，设置 Opacity 和 Blur Length 的属性值分别为 100 和 0，制作文字模糊出现动画效果。移动时间线至 0:00:01:10 处，单击图 9-5 处方框标注内的小方块，建立关键帧 Opacity 和 Blur Length 属性的关键帧，移动时间线至 0:00:01:15 处，设置 Opacity 和 Blur Length 的属性值分别为 0 和 50，制作文字模糊消失动画效果，并设置该层的位置属性值为（150,264）。

图 9-5

（8）制作"新闻背景分析/wenzi.psd"图层的文字模糊出现和文字模糊消失动画效果，最终效果如图 9-6 所示。具体参数可以参照"素材与源文件\Chapter9\Effects\Blur"文件夹下 Directional Blur.aep 源文件。

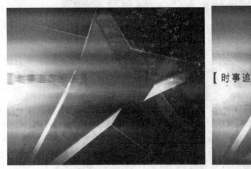 

图 9-6

2. 图片转场

（1）在项目窗口中导入"素材与源文件\Chapter9\Effects\Noise"文件夹下的 1.jpg~4.jpg，按住鼠标左键将 1.jpg 拖动到窗口下方的 ▦（创建新合成）按钮上，产生一个 Composition（合成），设置该合成的时长为 3 秒。在项目窗口中继续导入 bg.mov 素材。

（2）在项目窗口中拖动 bg.mov 素材至 1 合成的最底层，按 Ctrl+Alt+F 组合键将该层放大至满屏。在 bg.mov 层的上方新建橙色固态层，并使用圆角矩形工具 ▣ 在该层上绘制圆角矩形遮罩，如图 9-7（a）所示。右击橙色固态层，在弹出的快捷菜单中选择 Effects（特效）| Generate（生成）| Ramp（渐变）命令，为该层添加 Ramp（渐变）特效，参数设置如图 9-7（b）所示。

（a）　　　　　　　　　　　　（b）

图 9-7

（3）在项目窗口中新建 block 合成，参数设置如图 9-8 所示。在该合成中新建黑色固态层，右击黑色固态层，在弹出的快捷菜单中选择 Effects（特效）| Noise &Gain（杂点）| Fractal Noise（分形噪波）命令，为该层添加 Fractal Noise（分形噪波）特效。移动时间线至 0 秒处，单击 Evolution（演化）属性左侧的关键帧开关，移动时间线至 0:00:02:24 处，设置 Evolution（演化）的属性值为 5x+0.0，制作噪波演化变形动画。

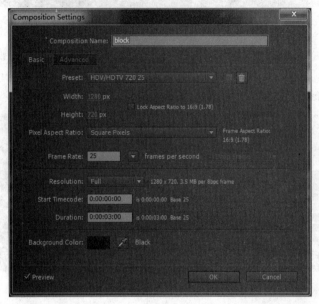

图 9-8

（4）继续右击黑色固态层，选择"Effects（特效）| Stylize（风格化）| Mosaic（马赛克）"命令，为该层添加 Mosaic（马赛克）特效，参数设置如图 9-9（a）所示。继续选择 Effects（特效）| Generate（生成）| Grid（网格）命令，为该层添加 Grid（网格）特效，参数设置如图 9-9（b）所示。

（a）   （b）

图 9-9

（5）继续选择 Effects（特效）| Color Correction（颜色校正）| Levels（色阶）命令，为该黑色固态层添加 Levels（色阶）特效，参数设置如图 9-10（a）所示。使用钢笔工具在该层上绘制遮罩，如图 9-10（b）所示。

（6）从项目窗口中拖动 block 合成至 1 合成的橙色固态层的上方，右击 block 图层，在弹出的快捷菜单中选择 Effects（特效）| Color Correction（颜色校正）| Hue/Saturation（色相/饱和度）命令，为该层添加 Hue/Saturation（色相/饱和度）特效，参数设置如图 9-11（a）所示。选择 block 层，按 P 键展开 Position（位置）属性，设置属性值为（1012,303），按 S 键展开 Scale（缩放）属性，设置属性值为（43%,43%），效果如图 9-11（b）所示。

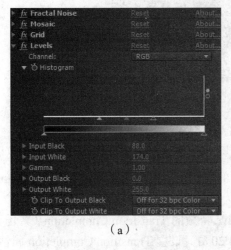
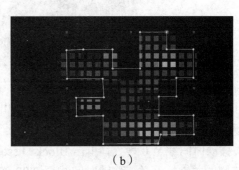

（a）　　　　　　　　　　　　　　　　　（b）

图 9-10

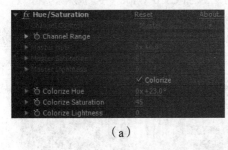
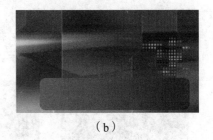

（a）　　　　　　　　　　　　　　　　　（b）

图 9-11

（7）在 block 层的上方新建灰色（#161616）固态层，并使用圆角矩形工具██在该层上绘制圆角矩形遮罩，如图 9-12 所示。

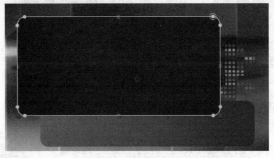

图 9-12

（8）选择 1.jpg 图层，使用圆角矩形工具██在该层上绘制圆角矩形遮罩，如图 9-13

所示。选择 1.jpg 图层，按 Ctrl+Shift+C 组合键重组该层，在项目窗口中双击 Pre-comp 1 合成，打开该合成。在 Pre-comp 1 合成中，将 2.jpg~4.jpg 素材从项目窗口中拖动至 Pre-comp 1 合成中 1.jpg 图层的下方。选择 1.jpg 图层，按 M 键展开其 Mask（遮罩）属性，复制该属性，粘贴到其他几个图层上。

图 9-13

（9）选择"1.jpg"图层，右击该层，在弹出的快捷菜单中选择 Effects（特效）| Transition（转场）| Block Dissolve（块状溶解）命令，为该层添加 Block Dissolve（块状溶解）转场特效。移动时间线至 0 秒处，单击 Block Dissolve 特效的 Transition Completion（转场完成）属性左侧的关键帧开关，移动时间线至 0:00:00:20 处，设置 Transition Completion 属性的值为 100，完成转场动画效果。同理，为 2.jpg 图层添加 Card Wipe（卡片擦除）特效，为 3.jpg 图层添加 Linear Wipe（线性擦除）特效，分别制作转场动画效果。

（10）输入文字"城市美景"，文字属性设置如图 9-14（a）所示，设置文字位置属性为（810,627），效果如图 9-14（b）所示。

（a） （b）

图 9-14

3. 描边文字

（1）在项目窗口中以 Composition-Retain Layers Sizes 方式导入"素材与源文件\Chapter9\Effects\Stroke"文件夹下的 tu.psd。

（2）在项目窗口中双击合成 tu，打开该合成。拖动"图层 04"图层至"泸沽湖"图层的上方，复制"泸沽湖"图层并打开该层的独奏开关，效果如图 9-15 所示。

图 9-15

（3）选择"泸沽湖"图层，右击该层，在弹出的快捷菜单中选择 Effects（特效）| Stylize（风格化）| Find Edges（查找边缘）命令，为该层添加 Find Edges（查找边缘）特效。继续右击该层，在弹出的快捷菜单中选择 Effects（特效）| Color Correction（颜色校正）| Hue/Saturation（色相/饱和度）命令，为该层添加 Hue/Saturation（色相/饱和度）特效，参数设置如图 9-16（a）所示，为图层进行去色处理。

（4）选择"泸沽湖"图层并右击，在弹出的快捷菜单中选择 Effects（特效）| Color Correction（颜色校正）| Levels（色阶）命令，为该黑色固态层添加 Levels（色阶）特效，参数设置如图 9-16（b）所示。继续右击该层，在弹出的快捷菜单中选择 Effects（特效）| Blur & Sharpen（模糊&锐化）| Gaussian Blur（高斯模糊）命令，为该层添加 Gaussian Blur（高斯模糊）特效，然后再次添加 Hue/Saturation（色相/饱和度）特效，参数设置如图 9-17（a）所示，效果如图 9-17（b）所示。

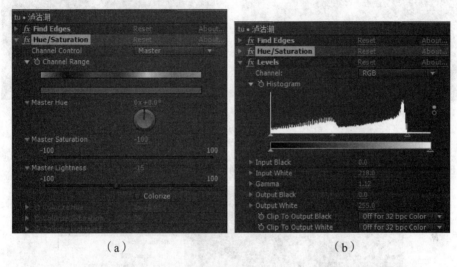

（a） （b）

图 9-16

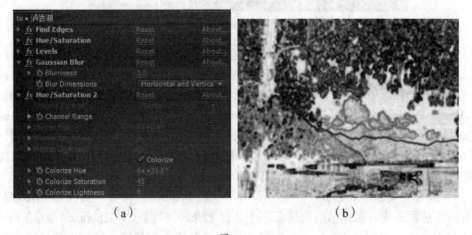

（a） （b）

图 9-17

（5）关闭"泸沽湖"图层的独奏开关。选择"图层 04"图层，设置该层的 Position（位

置属性值，和 Scale（缩放）属性值分别为（359.5,254.5）和（100%,309%）。使用钢笔工具在该层上绘制遮罩路径，如图 9-18（a）所示。右击"图层 04"图层，在弹出的快捷菜单中选择 Effects（特效）| Generate（生成）| Stroke（描边）命令，为该层添加 Stroke（描边）特效。在 Effect Controls（特效控制）面板中设置 Brush Size（画刷尺寸）为 8，移动时间线至 0 秒处，单击 End（结束）左侧的关键帧开关，设置 End 的属性值为 0%，在此处建立一个关键帧；移动时间线至 1 秒处，设置 End 属性值为 100%，制作描边动画效果，参数设置如图 9-18（b）所示。

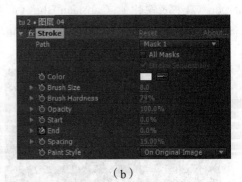

（a） （b）

图 9-18

（6）设置"泸沽湖 2"图层以"图层 D4"为亮度蒙版，如图 9-19 所示。

图 9-19

（7）在"图层 04"图层的上方新建黑色固态层，右击黑色固态层，在弹出的快捷菜单中选择 Effects（特效）| Generate（生成）| Write-On（书写）命令，为该层添加 Write-On（书写）特效。在特效控制面板中设置 Color（颜色）为#204CF0，Brush Size（画刷尺寸）为 6，Brush Spacing（画刷间距）为 0.05，Paint Style（画笔类型）为 On Transparent，如图 9-20（a）所示。移动时间线至 0:00:00:15 处，单击 Brush Position（画刷位置）属性左侧的关键帧开关，设置属性值为（377,550），移动时间线至 0:00:01:00 处，设置属性值为（688,550），制作划线动画效果，如图 9-20（b）所示。

（8）选择"美丽的泸沽湖"图层，设置该层的 Position（位置）属性为（520,518），然后右击黑色固态层，在弹出的快捷菜单中选择 Effects（特效）| Generate（生成）| Fill（填充）命令，为该层添加 Fill（填充）特效，设置填充颜色为黑色。继续在快捷菜单中选择 Effects（特效）| Generate（生成）| Vegas（勾画）命令，为该层添加 Vegas（勾画）特效，参数设置如图 9-21（a）所示。按 Ctrl+Shift+C 组合键重组该图层，如图 9-21（b）所示。

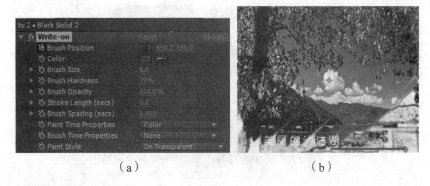

（a）　　　　　　　　　　（b）

图 9-20

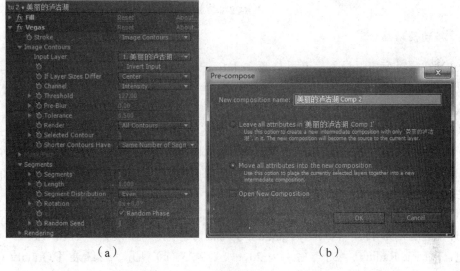

（a）　　　　　　　　　　（b）

图 9-21

（9）选择"美丽的泸沽湖"图层，使用矩形遮罩工具在重组后的图层上绘制矩形遮罩，移动时间线至 0:00:01:10 处，按 M 键展开该层的 Mask（遮罩）属性，单击 Mask Path（遮罩路径）左侧的关键帧开关，在此处建立一个关键帧，如图 9-22（a）所示；移动时间线至 0:00:00:20 处，调整遮罩大小直至所有文字不可见，系统自动建立一个关键帧，制作文字从左至右显示的动画效果，设置 Mask Feather（遮罩羽化）属性值为（45,0），最终效果如图 9-22（b）所示。

（a）

图 9-22

（b）

图 9-22（续）

4. 移动条动画

（1）在项目窗口中导入"素材与源文件\Chapter9\Effects\Particle"文件夹下的 1.jpg，按住鼠标左键将 1.jpg 拖动到窗口下方的 ▦（创建新合成）按钮上，产生一个 Composition（合成），设置该合成的时长为 5 秒。

（2）在 1.jpg 图层上方新建白色固态层，更名为 bar，右击该图层，在弹出的快捷菜单中选择 Effects（特效）| Simulation（仿真）| Particle Playground（粒子游乐场）命令，为该层添加 Particle Playground（粒子游乐场）特效。在特效控制面板中展开 Cannon（加农炮）卷展栏，设置参数 Position（位置）为（-3.6,360），Direction（方向）为 90，设置加农炮发射点在窗口左侧，向右侧发射粒子；设置 Direction Random Spread（方向随机扩展）为 0，Velocity（速度）为 400，Velocity Random Spread（速度随机扩展）为 200，Color（颜色）为白色，Particle Radius（粒子半径）为 20，如图 9-23（a）所示。继续展开 Gravity（重力）卷展栏，设置 Direction（方向）为 90，设置重力方向向右，如图 9-23（b）所示。

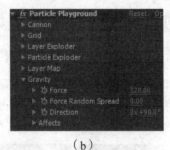

（a）　　　　　　　　　　（b）

图 9-23

（3）使用矩形遮罩工具在"bar"图层上绘制遮罩，如图 9-24 所示。

（4）继续展开 Wall（墙）卷展栏，设置 Boundary（边界）为 Mask 1，如图 9-25（a）所示。移动时间线至 0:00:00:24 处，展开 Cannon（加农炮）卷展栏，单击 Particles Per Second（每秒发射粒子数）属性左侧的关键帧开关，设置属性值为 3；移动时间线至 0:00:01:00 处，设置 Particles Per Second 的属性值为 0，产生关键帧动画。

图 9-24

（5）选择 bar 图层，按 S 键展开该层的 Scale（缩放）属性，设置属性值为（100%，10000%），如图 9-25（b）所示。

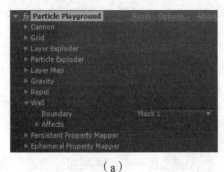

（a）

（b）

图 9-25

（6）选择 bar 图层，按 Ctrl+D 快捷键复制该图层，选择复制出来的图层，展开 Cannon（加农炮）卷展栏，更改如图 9-26 所示的参数值。

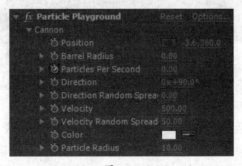

图 9-26

（7）从项目窗口中拖动 2.jpg 素材至合成中 1.jpg 图层的下方。选择两个固态层，按 Ctrl+Shift+C 组合键重组两个固态层，更改重组层的名称为 Movingbar，设置 1.jpg 层以 Movingbar 图层为亮度蒙版，如图 9-27（a）所示，最终效果如图 9-27（b）所示。

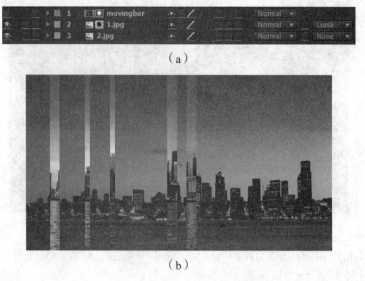

（a）

（b）

图 9-27

9.2.3 表达式控制动画

After Effects 表达式是一组功能强大的工具，可以利用它们控制图层属性的行为。利用表达式控制动画，可以在层与层之间进行联动，利用一个层的某项属性影响其他层等。

1. 表达式概述

添加表达式后，添加表达式的属性上添加 4 个新的工具图标，并把属性值的颜色改为红色（指示该属性值由表达式确定的），并且保持表达式文本高亮显示，以便进行编辑，如图 9-28 所示。

图 9-28

：表达式开关，当图标处于　状态时，表示关闭表达式，不使用表达式控制动画；当图标处于　状态时，表示开启表达式。

：当该按钮被激活后，系统显示表达式所控制的动画图表。

：表达式关联器，可以将一个层的属性连接到另外一个层的属性上，对其进行影响。例如，可以将一个层的不透明度属性连接到层的旋转属性上，使对象的不透明度跟随旋转变化。

：Expression Language（表达式语言）弹出式菜单。单击此图标可以弹出 After Effects 所提供的表达式语言列表。

如果表达式文本中有错误，After Effects 将会显示错误消息，禁用表达式，并且显示一个黄色的小警告图标，如图 9-29 所示。

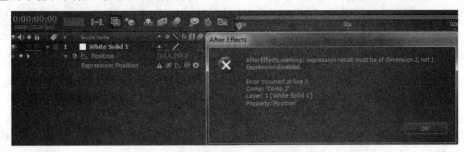

图 9-29

2. 编辑表达式

在 After Effects CS6 中，可以在表达式输入框中手动输入表达式，也可以使用表达式语言菜单来完整地输入表达式，同时也可以使用 Express Pick Whip（表达式关联器）或从其他表达式实例中复制表达式。

为动画属性添加表达式的方法主要有以下 3 种。

- 在 Timeline（时间线）窗口中选择要建立表达式的动画属性，然后选择 Animation（动画）| Add Expression（添加表达式）菜单命令，可以为目标层增加一个表达式。
- 选择需要添加表达式的动画属性，然后按 Alt+Shift+=组合键激活表达式输入框。
- 选择需要添加表达式的动画属性，然后按住 Alt 键的同时单击该动画属性前面的关键帧开关按钮 。

移除动画属性中表达式的方法主要也有以下 3 种。

- 选择需要移除表达式的动画属性，然后选择 Animation（动画）| Remove Expression（移除表达式）菜单命令。
- 选择需要添加表达式的动画属性，然后按 Alt+Shift+=组合键。
- 选择需要添加表达式的动画属性，然后按住 Alt 键的同时单击该动画属性前面的关键帧开关按钮 。

（1）使用 Expression Pick Whip（表达式关联器）编辑表达式

使用 Expression Pick Whip（表达式关联器）可以将一个动画的属性关联到另外一个动画的属性中，如图 9-30 所示。可以将 Expression Pick Whip（表达式关联器）按钮 拖曳到其他动画属性的名字或是值上，来关联动画属性。

图 9-30

（2）手动编辑表达式

如果要在表达式输入框中手动输入表达式，首先要确定表达式输入框处于激活状态，在表达式输入框中输入或编辑表达式，也可以根据实际情况结合表达式语言菜单来输入表达式。输入或编辑表达式完成后，可以按小键盘上的 Enter 键，或单击表达式输入框以外的区域来完成操作。

3. 表达式语法

（1）表达式语言

After Effects 表达式语言基于 JavaScript 1.2，使用的是 JavaScript 1.2 语言的标准内核语言，并在其中内嵌如 Layer（图层）、Composition（合成）、Footage（素材）和 Camera（摄像机）之类的扩展对象，这样表达式就可以访问到 After Effects 项目中绝大多数属性值。

在输入表达式时需要注意以下 3 点。

● 编写表达式时一定要注意大小写，因为 JavaScript 程序要区分大小写。

● After Effects 表达式需要使用分号作为一条语句的分行。

● 单词之间多余的空格将被忽略（字符串中的空格除外）。

（2）访问对象的属性和方法

使用表达式可以获得图层属性中的 attributes（属性）和 methods（方法）。After Effects 表达式语法规定全局对象与次级对象之间必须以点号来进行分割，以说明物体之间的层级关系。同样，目标与属性和方法之间也使用点号来进行分割，如图 9-31 所示。

图 9-31

对于图层以下的级别（如滤镜、遮罩和文字动画组等），可以使用圆括号来进行分级。例如，要将 LayerA 图层中的 Opacity（不透明度）属性，使用表达式链接到 LayerB 图层 Gaussian Blur（高斯模糊）滤镜的 Blurriness（模糊量）属性中时，可以在 LayerA 图层的 Opacity（不透明度）属性中编写如下所示的表达式。

```
thisComp.layer("LayerB").effect("Gaussian Blur") ("blurriness")
```

（3）数组

数组是一种按顺序存储一系列参数的特殊对象，它使用英文状态下的逗号来分隔多个参数列表，并且使用"[]"（中括号）将参数列表首尾包括起来，如[10,25]。

为了方便以后调用，可以为数组赋予一个变量，如下所示：

```
myArray=[10,25]
```

数组中的某个具体属性可以通过索引数来调用，数组中的第一个索引数是从 0 开始，如上面的表达式中，myArray[0]表示的是数字 10，myArray[1]表示的是数字 25。

在图层的各种参数中，有的只需要一个数值就能表示，例如不透明度，被称为一维数组；有的需要两个数值才能表示，例如，二维图层的缩放属性，需要用两个数值表示图层在 X 轴和 Y 轴方向上的缩放，被称为二维数组；而三维图层的旋转属性，需要用 3 个数值表示图层在 X 轴、Y 轴和 Z 轴方向上的旋转，被称为三维数组。例如，在三维图层的 Position（位置）属性中，通过索引数可以调用某个具体轴向的数据，Position[0]表示 X 轴位置数值，Position[1]表示 Y 轴位置数值，Position[2]表示 Z 轴数值。

4. 表达式案例

（1）打开"素材和源文件\Chapter 9\Expression"文件夹中的 expression-1.aep 文件。

（2）在 Timeline（时间线）窗口中选择 Cyan 图层，按 P 键展开该层的 Position（位置）属性，在 0 秒处单击 Position 属性左侧的关键帧开关，移动时间线至合成结束处，设置 Position 属性值为（612,470），制作位移动画。

（3）选择 Green 图层，展开该层的 Position（位置）属性，按住 Alt 键单击 Position 属性左侧的关键帧开关，为该属性建立表达式，单击 @ 图标并按住鼠标左键拖放至 Cyan 图层的 Position 属性上释放鼠标，系统自动添加了表达式。修改原来的表达式为 thisComp.layer ("Cyan"). transform.position+[0,-200]，如图 9-32 所示。此时，椭圆随着矩形的运动做同方向的右移动画。

图 9-32

（4）展开 Green 图层的 Transform（变换）属性，按住 Alt 键单击 Scale（缩放）属性，为该属性建立表达式。单击 @ 图标并按住鼠标左键拖放至本图层的 Rotation 属性上释放鼠标，系统自动添加了表达式。修改原来的表达式为 temp=transform.rotation; [temp,temp*2]，如图 9-33 所示。在合成窗口中，Green 图层的 Scale 参数显示图层 Y 轴方向上的缩放是 X 轴方向上的两倍，随着旋转值的增加，该层的尺寸也越来越大。

图 9-33

9.3 项目实施

9.3.1 导入素材、背景制作

（1）首先，启动 After Effects CS6，选择 Edit（编辑）| Preferences （首选项）| Import

（导入）菜单命令，打开 Preferences 对话框，设置 Still Footage（静态脚本）的导入长度为6 秒。

（2）在 Project（项目）窗口中双击，打开 Import File（导入文件）对话框，选择"素材与源文件\Chapter 9\Footage"文件夹中的 02.psd 和 world mask.psd 文件，在 Import Kind（导入类型）下拉列表中选择 Footage 选项，将素材导入。

（3）在 Project（项目）窗口中的空白处右击，在弹出的快捷菜单中选择 New Composition 命令，在打开的 Composition Settings（合成设置）对话框中进行设置，新建bg 合成，如图 9-34 所示。

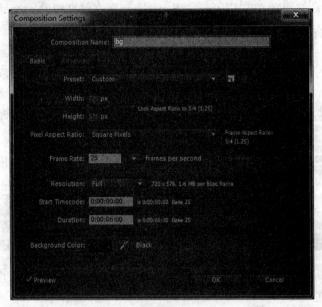

图 9-34

（4）在 bg 合成中新建橙色（#8C4602）Solid（固态）层，按 P 键展开其 Position（位置）属性，按 Shift+S 快捷键和 Shift+T 快捷键同时展开其 Scale（缩放）和 Opacity（不透明度）属性。按住 Alt 键单击 Position 左侧的关键帧开关，为该属性添加表达式，同理为Scale 属性和 Opacity 属性添加表达式。在 Position 右侧输入表达式[random(0,720), random(0,576)]，在 Scale 右侧输入表达式[random(5,50),random(10,60)]，在 Opacity 右侧输入表达式[random(0,50)]，如图 9-35 所示。

图 9-35

（5）选择橙色固态层，按 Ctrl+D 快捷键复制该图层，选择复制层，选择 Layer（层）| Solid Settings（固态设置）命令，打开固态设置对话框，调整复制层的颜色为浅黄色（#FFFE89）。同理再复制一层，更改固态层颜色为浅绿色（#A1F08C）。

9.3.2　旋转球体制作

（1）在 Project（项目）窗口中新建 block 合成，合成设置同 bg。在 block 合成中新建黑色固态层，使用工具栏上的遮罩工具在黑色固态层上绘制圆角矩形遮罩。右击黑色固态层，在弹出的快捷菜单中选择 Effects（特效）| Generate（生成）| Ramp（渐变）命令，为该层添加渐变特效。其中 Ramp Shape（渐变形状）设置为 Radial Ramp（放射状渐变），Start Color（开始颜色）为红色，End Color（结束颜色）为黑色，如图 9-36 所示。

图 9-36

（2）选择黑色固态层，按 Ctrl+D 快捷键复制该图层。将复制的黑色固态层的遮罩适当放大，调整其上的 Ramp 特效的参数，如图 9-37 所示。

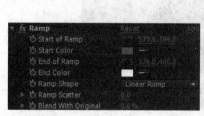 

图 9-37

（3）在两个固态层的上方输入文字"节目预告"，文字属性设置如图 9-38（a）所示。右击该文字层，在弹出的快捷菜单中选择 Layer Styles（图层样式）| Drop Shadow（投影）命令，为该层添加投影图层样式，如图 9-38（b）所示。

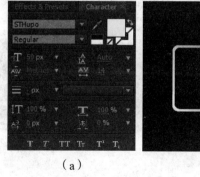 

（a）　　　　　　　　　（b）

图 9-38

（4）在 Project（项目）窗口中新建 huan 合成，合成设置同 bg 合成。在 huan 合成中新建白色固态层，并在此固态层上绘制 3 个矩形遮罩，如图 9-39（a）所示。移动时间线至 0 秒处，按 M 键展开该层遮罩的 Mask Shape（遮罩形状）属性，单击 3 个遮罩的 Mask Shape 左侧的关键帧开关，自动在此处建立关键帧。移动时间线至 1 秒处，调整 3 个遮罩的位置，如图 9-39（b）所示。继续移动时间线至 2 秒处，调整 3 个遮罩的位置，如图 9-40 所示。

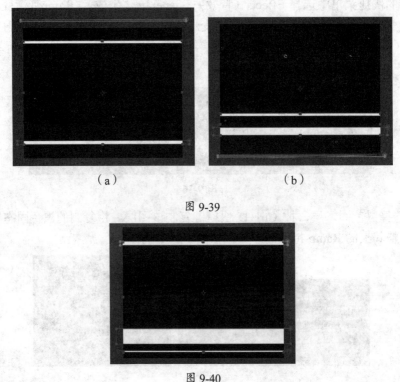

（a）　　　　　　　　　　　　　（b）

图 9-39

图 9-40

（5）从 Project（项目）窗口中拖动 block 合成至 huan 合成的白色固态层的上方，展开该层的 Transform（变换）属性，移动时间线至 0:00:01:06 处，单击 Position（位置）和 Opacity（不透明度）左侧的关键帧开关，设置其属性值如图 9-41（a）所示。移动时间线至 0:00:01:10 处，调整 Position 和 Opacity 的属性值如图 9-41（b）所示。单击该层的运动模糊开关（图 9-41（a）方框标注处）。

（a）　　　　　　　　　　　　　（b）

图 9-41

（6）在 Project（项目）窗口中新建"球体"合成，合成设置同 bg。从项目窗口中拖

动 world mask.psd 素材至"球体"合成中，右击该图层，在弹出的快捷菜单中选择 Effects（特效）| Perspective（透视化）| CC Sphere（CC 球体）命令，为该层添加 CC 球体特效，参数保持默认。

（7）继续右击 world mask.psd 图层，在弹出的快捷菜单中选择 Effects（特效）| Generate（生成）| Ramp（渐变）命令，为该层添加渐变特效，参数设置如图 9-42（a）所示。

（8）继续右击 world mask.psd 图层，在弹出的快捷菜单中选择 Effects（特效）| Stylize（风格化）| Glow（发光）命令，为该层添加发光特效，参数设置如图 9-42（b）所示。

（a）

（b）

图 9-42

（9）继续右击 world mask.psd 图层，在弹出的快捷菜单中选择 Effects（特效）| Perspective（透视化）| Drop Shadow（投影）命令，为该层添加投影特效，参数设置如图 9-43（a）所示，效果如图 9-43（b）所示。

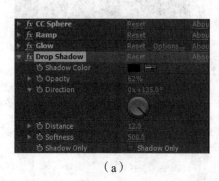
（a）

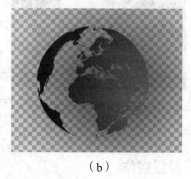
（b）

图 9-43

（10）从项目窗口中选择 huan 合成，拖动至"球体"合成的 world mask.psd 图层的上方。右击 huan 图层，在弹出的快捷菜单中选择 Effects（特效）| Perspective（透视化）| CC Sphere（CC 球体）命令，为该层添加 CC 球体特效，设置 Render（渲染）值为 Inside（里），如图 9-44（a）所示。

（11）选择 huan 图层，按 Ctrl+D 快捷键复制该图层。选择复制的 huan 图层，在特效控制面板调整 CC Sphere 特效的参数，调整 Render 属性值为 Outside（外），如图 9-44（b）所示。

（a）　　　　　　　　　　　　　（b）

图 9-44

（12）在"球体"合成的 Timeline（时间线）窗口的空白处右击，在弹出的快捷菜单中选择 New（新建）| Null Object（空对象）命令，新建空对象图层。设置其他 3 个图层的父层为空对象图层，如图 9-45 所示。

图 9-45

（13）打开空对象图层的 3D 开关，移动时间线至 0 秒处，打开 Position（位置）、Scale（缩放）、X Rotation（X 轴旋转）、Y Rotation（Y 轴旋转）和 Z Rotation（Z 轴旋转）的关键帧开关，并设置其属性值，如图 9-46（a）所示。移动时间线至 2 秒处，设置这些属性的属性值，如图 9-46（b）所示。

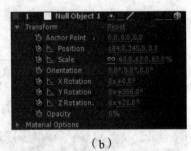

（a）　　　　　　　　　　　　　（b）

图 9-46

9.3.3　节目板制作

（1）在 Project（项目）窗口中新建 Circle 合成，合成的 Duration（时长）设置为 4 秒，其他设置同 bg 合成，并在该合成中新建黑色固态层。

（2）右击该固态层，在弹出的快捷菜单中选择 Effects（特效）| Generate（生成）| Circle（圆）命令，为该层添加 Circle 特效。在 Effect Controls（特效控制）面板中设置 Color（颜色）属性为灰色（#6A6A6A）。在时间线窗口中展开 Circle 特效，按 Alt 键单击 Radius（半

径）属性左侧的关键帧开关，为该属性建立表达式，在右侧输入表达式 wiggle(2,20)，如图 9-47 所示。

图 9-47

（3）继续为黑色固态层添加第 2 个 Circle 特效。设置 Circle 2 特效的 Color（颜色）属性为红色（#8F0202），为 Radius 添加表达式，表达式为 wiggle(2,15)。

（4）继续为黑色固态层添加第 3 个 Circle 特效。设置 Circle 3 特效的 Color（颜色）属性为橙色（#BF5804），为 Radius 添加表达式，表达式为 wiggle(2,10)。

（5）继续为黑色固态层添加第 4 个 Circle 特效。设置 Circle 4 特效的 Color（颜色）属性为浅黄色（#FCDD7E），为 Radius 添加表达式，表达式为 wiggle(2,5)。

（6）在 Project（项目）窗口中新建"节目板"合成，合成的 Duration（时长）设置为 4 秒，其他设置同 bg 合成。在该合成中新建浅灰色固态层（#B1B1B1）Light Gray Solid 1，在此固态层上绘制圆角矩形遮罩，如图 9-48 所示，按 P 键展开其 Position（位置）属性，设置属性值为（360,269）。按 T 键展开该层的 Opacity（不透明度）属性，在 0:00:00:05 处单击 Opacity 左侧的关键帧开关并设置属性值为 0%，移动时间线至 0:00:00:17 处，设置 Opacity 的属性值为 100%，制作渐显动画。

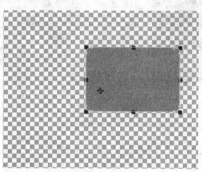

图 9-48

（7）复制 Light Gray Solid 1 图层，选择复制的 Light Gray Solid 1 图层并更名为 Light Gray Solid 2，按 T 键展开该层的 Opacity（不透明度）属性，单击 Opacity 左侧的关键帧开关删除所有关键帧，设置 Opacity 属性值为 100%。

（8）右击 Light Gray Solid 2 图层，在弹出的快捷菜单中选择 Effects（特效）| Generate（生成）| Stroke（描边）命令，为该层添加描边特效。描边的颜色为白色，在时间线窗口展开该特效的参数，移动时间线至 0 秒处，单击 Start（开始）属性左侧的关键帧开关，设置属性值为 100%，移动时间线至 0:00:00:13 处，设置属性值为 0%，制作描边动画。

（9）从项目窗口中拖动"2.psd"至"节目板"合成中两个固态层的上方，展开 Transform（变换）属性，设置该层的 Position（位置）和 Scale（缩放）属性，如图 9-49 所示。同 Light Gray Solid 1 图层，制作 0:00:00:05 至 0:00:00:17 的 Opacity 属性值从 0%变化至 100%的渐显动画。

图 9-49

（10）从项目窗口中拖动 Circle 合成至"节目板"合成的第 1 层，设置该图层的位置为（360,170）。在合成中输入"19:00 新闻联播"，文字颜色为#7E100F，其他属性设置如图 9-50（a）所示。在文字图层上绘制矩形遮罩，按两次 M 键展开该层的 Mask（遮罩）属性，设置 Mask Feather（遮罩羽化）属性值为（23,0）pixels。移动时间线至 0:00:00:20 处，单击 Mask Shape 左侧的关键帧开关，在此处自动建立一个关键帧；移动时间线至 0:00:00:12 处，调整遮罩形状，系统自动建立另一个关键帧，如图 9-50（b）所示，制作文字从中间至两边的渐显动画。

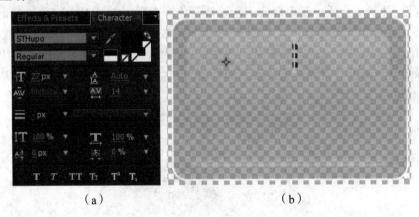

（a）　　　　　　　　　　　　　　　　（b）

图 9-50

（11）其他两个文字层制作方法同上，具体参数值可参照源文件。

9.3.4　最终合成

（1）在 Project（项目）窗口中新建 final 合成，合成设置同 bg 合成。在此合成中新建黑色固态层，在固态层上绘制椭圆遮罩。按两次 M 键展开该层的 Mask 属性，设置 Mask Feather（遮罩羽化）属性值为（285,285）pixels，效果如图 9-51 所示。

（2）从项目窗口中拖动 bg 合成至 final 合成的固态层的上方。在 bg 图层的上方新建橙色固态层（#8C4602），更名为 Orange，并在该层上绘制矩形遮罩。右击 Orange 图层，在弹出的快捷菜单中选择 Effects（特效）| Transition（转场）|Venetian Blinds（百叶窗）命

令，为该层添加百叶窗特效，在 Effect Controls（特效控制）面板中设置特效的参数，如图 9-52（a）所示，效果如图 9-52（b）所示。

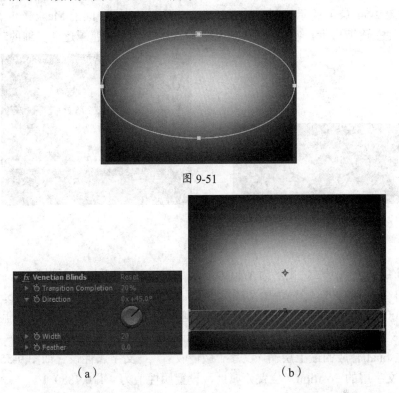

图 9-51

图 9-52

（3）选择 Orange 图层，移动时间线至 0:00:03:15 处，按 M 键展开遮罩的 Mask Path（遮罩路径）属性，单击 Mask Path 属性左侧的关键帧开关，在当前时间处自动建立一个关键帧，移动时间线至 0:00:03:05 处，调整遮罩的形状，如图 9-53（a）所示；移动时间线至 0:00:05:04 处，调整遮罩形状（调细一些），如图 9-53（b）所示，制作橙色固态层从左往右的渐显动画。

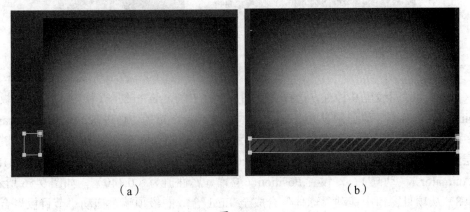

图 9-53

（4）在 Orange 图层的上方新建白色固态层，更名为 White 1，并为该层添加 Venetian Blinds（百叶窗）特效，参数设置如图 9-54（a）所示。在 White 1 图层上绘制矩形遮罩，调整形状如图 9-54（b）所示。制作从 0:00:03:18 至 0:00:04:02 间的 Mask Path（遮罩路径）动画，从右往左逐渐显示。制作从 0:00:04:02 至 0:00:05:04 间遮罩逐渐变细的动画。

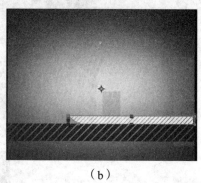

（a） （b）

图 9-54

（5）新建白色固态层，更名为 White2，添加 Venetian Blinds（百叶窗）特效，参数设置同 White 1 层的此特效。在 White 2 图层上绘制矩形遮罩，调整形状如图 9-55（a）所示。制作 0:00:03:09 至 0:00:03:18 间的 Mask Path（遮罩路径）动画，从左往右逐渐显示。并制作 0:00:03:18 至 0:00:05:04 间的遮罩逐渐变细动画。

（6）在 final 合成的最上层输入文字"敬请收看"，文字属性设置如图 9-55（b）所示。按 P 键展开文字层的 Position（位置）属性，设置属性值为（110,488）。

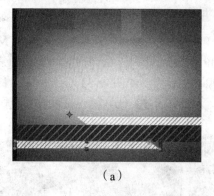

（a） （b）

图 9-55

（7）移动时间线至 0 秒处，选择文字图层，在 Effects&Presets（特效/预设）面板中选择 Animation Presets（动画预设）| Text（文本）| Animate In（动画进入）| Raining Character In（字符雨），拖动 Raining Character In（字符雨）预制动画至文字图层上。按 U 键展开该图层的关键帧，移动第二个关键帧至 0:00:05:00 处，移动第一个关键帧至 0:00:03:18 处。展开 Animator 1（动画 1），设置 Position（位置）属性值为（0,140），如图 9-56 所示。

（8）从项目窗口中拖动"球体"合成至 final 合成的最顶端，拖动"节目板"合成至 final 合成的"球体"图层的上层。选择"节目板"图层，移动时间线至 2 秒处，按"["键移动该层的入点至 2 秒处，该项目制作完成。

图 9-56

9.4 项目小结

　　本项目的实施涉及前面所学的遮罩动画和文字动画，还有许多系统内置特效的使用和表达式的应用。After Effects 大量的内置特效可以帮助用户完成各种各样的效果制作，能让画面更加漂亮，让制作变得轻松且富有乐趣，从而使工作效率得以提高。读者只要通过不断的练习，就能掌握各种特效的使用特点和使用场合，使创作变得生动而有趣。

项目 10　《VDE 影像社》宣传片头制作

10.1　项目描述及效果

1. 项目描述

《VDE 影像社》宣传片头主要是宣传学院的社团组织——VDE 影像社。本项目首先展示 VDE 影像社的标志，使用手法为仿大片风格，然后通过文字展现该社团的主旨，通过 Light Factor 外挂插件的运用制作闪动的光线实现文字的转换，最后通过碎片文字组合展现主题。由于该社团的 Logo 使用蓝色调，所以整个宣传片也采用蓝色调，显现神秘、高科技的氛围。

2. 项目效果

本项目效果如图 10-1 所示。

图 10-1

10.2 项目知识基础

10.2.1 时间控制

1. 时间拉伸

（1）使用 Stretch 控制速度

在 Timeline（时间线）窗口中，单击底部的 按钮，展开 Stretch（拉伸）属性，如图 10-2 所示。Stretch（拉伸）属性可以加快或者放慢素材层的时间，默认情况下 Stretch 值为 100%，代表正常速度播放素材；小于 100%时会加快播放速度；大于 100%时，将减慢播放速度。但是，Stretch 属性不可以形成关键帧，因此不能制作变速的动画特效。

图 10-2

In（入点）和 Out（出点）参数面板可以方便地控制层的入点和出点信息，通过它们同样可以改变素材的播放速度，改变 Stretch 值。

（2）反转播放

利用 Stretch 属性可以方便地实现动态影像的倒放功能，只要把 Stretch 调整为负值即可。例如，保持素材原来的播放速度，只是实现倒放，可以将 Stretch 值设置为-100%。

（3）确定时间调整基准点

在进行 Stretch（拉伸）过程中，变化时的基准点在默认情况下是以入点为基准的。在 After Effects 中，时间调整的基准点同样是可以改变的。单击 Stretch 参数，弹出 Time Stretch 对话框，在下面的 Hold In Place 选项组却可以设置在改变 Stretch（拉伸）值时，层变化的基准点，如图 10-3 所示。

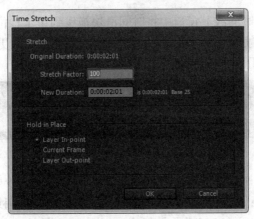

图 10-3

● Layer In-point：以层入点为基准，也就是在调整过程中，固定入点的位置。

- Current Frame：以当前时间指针为基准，也就是在调整的过程中，同时影响入点和出点位置。
- Layer Out-point：以层出点为基准，也就是在调整过程中，固定出点的位置。

2. Time Remap（时间重置）

Time Remap（时间重置）可以随时重新设置素材片段播放速度，与 Stretch 不同的是，它可以设置关键帧，进行各种时间变速动画创作。

（1）应用 Time Remap

在 Timeline（时间线）窗口中选中动态素材层，通过菜单命令 Layer（图层）| Time（时间）| Enable Time Remapping（启用时间重置）可以为当前层应用时间重置控制，对层应用时间重置后，可以在时间线窗口中对其进行精确调整。和 Time Stretch（时间伸缩）不同，Time Remapping（时间重置）并不影响其他图层的时间设置。

（2）时间控制实例

- 在项目窗口中导入"素材与源文件\Chapter10\Time Remap"文件夹下的 time-remap.avi，按住鼠标左键将其拖动到窗口下方的 ▩（创建新合成）按钮上，产生一个 Composition（合成）。
- 在 Timeline（时间线）窗口中选择 time-remap.avi 图层，选择 Layer（图层）| Time（时间）| Enable Time Remapping（启用时间重置）菜单命令，此时在 Timeline（时间线）窗口中出现了一个 Time Remap（时间重置）属性，并且在素材的入点和出点自动设置了两个关键帧，这两个关键帧就是该层的入点和出点的关键帧，如图 10-4 所示。

图 10-4

- 在 Timeline（时间线）窗口中将时间滑块拖曳到第 1 秒位置，在关键帧导航器中增加一个关键帧，并将 Time Remap 右侧的当前帧参数更改为 2 秒，这样原始素材的 2 秒就被压缩为 1 秒内播放，即加速快动作的效果，如图 10-5 所示。

图 10-5

- 在 Timeline（时间线）窗口中将时间滑块拖曳到第 1 秒 10 帧位置，建立一个关键帧，在 Time Remap 当前时间栏中动画属性值和第 1 秒的动画属性值一致，均为 2 秒，这样，这 10 帧动作被暂停，如图 10-6 所示。

图 10-6

● 最后将结束帧 Time Remap 右侧的动画属性值设置为 0 秒，从第 10 帧至结束播放
的是原始素材的第 2 秒至第 0 秒的内容，即倒播效果，如图 10-7 所示。

图 10-7

● 按 0 键预览变速效果，可以发现前 1 秒的时间内，小虫运动的速度被加快了，随
后有 10 帧的定帧效果，最后是小虫的倒退运动效果。具体参数可以参照"素材与
源文件\Chapter10\Time Remap"文件夹下 Time-Remap.aep 源文件。

10.2.2 运动追踪

1. 运动追踪的作用

运动追踪的作用：一是追踪镜头中的目标对象的运动，然后将追踪的运动数据应用于
其他图层或特效中，让其他图层元素或特效与镜头中的运动对象进行匹配。二是将追踪镜
头中的目标物体的运动数据作为补偿画面运动的依据，从而达到稳定画面的作用。

为了让运动追踪效果更加平滑，需要使选择的跟踪目标必须具备明显的特征，这要求
在前期拍摄时有意识地为后期追踪做好准备。例如，在电影中经常看到魔法师手持火球，
观众无需关心火球能否烧伤魔法师的手，因为在实拍时，魔法师手里只拿一个亮灯泡。使
用灯泡一是在暗色场景里非常明显，易于追踪；二是考虑到后期合成中模拟火球发出的环
境光，如图 10-8 所示。

图 10-8

图 10-8（续）

良好的被跟踪特性具有以下特征：在整个拍摄中可见；具有与搜索区域中的周围区域明显不同的颜色；搜索区域内的一个与众不同的形状；在整个拍摄中一致的形状和颜色。

2. 运动追踪范围

在运动追踪之前，首先需要定义一个追踪范围，追踪范围由两个方框和一个十字线构成，如图 10-9 所示。选择的追踪类型不同，追踪范围框数目也不同。可以在 After Effects 中进行一点追踪、两点追踪、三点追踪和四点追踪。

图 10-9

（1）追踪点

追踪点由十字线构成，追踪点与其他层的轴心点或效果点相连。当追踪完成后，追踪结果将以关键帧的方式记录到图层的相关属性。追踪点在整个追踪过程中不起任何作用，只用来确定其他层在追踪完成后的位置情况。

（2）特征区域

图 10-9 中里面的方框为特征区域，由封闭的框架构成，并带有 8 个控制点，通过移动控制点可以调整特征区域的范围。特征区域用于定义追踪目标的范围。系统记录当前特征区域内的对象明度和形状特征，然后在后续帧中以这个特征进行匹配追踪。对影像进行运动追踪，要确保特征区域有较强的颜色或亮度特征，与其他区域有高对比反差。在一般情况下，前期拍摄过程中，要准备好追踪特征物体，以使后期可以达到最佳的合成效果。

（3）搜索区域

图 10-9 中外面的方框为搜索区域，也是由封闭的框架构成，并带有 8 个控制点，通过移动控制点可以调整搜索区域的范围。搜索区域用于定义下一帧的追踪区域，搜索区域的大小与需要追踪的物体的运动速度有关。一般情况下被追踪素材的运动速度越快，两帧之

间的位移越大，这时，搜索区域也要跟着增大，要让搜索区域包含两帧位移所移动的范围，当然，搜索区域的增大会带来追踪时间的增加。

如果要将两个框移动到一起，将它们放入内部框的中间。开始移动之后，特征区域会扩大 400%以帮助用户看清细节。要修改框的大小，拖动它们侧边或者角上的调节手柄。

3. 运动追踪参数设置

（1）Tracker（追踪）面板

选择 Window（窗口）| Tracker（追踪）菜单命令，打开 Tracker（追踪）面板，如图 10-10（a）所示。

- Track Camera/Warp Stabilizer/Track Motion/Stabilize Motion：摄像机追踪/变形稳定器/运动追踪/稳定运动。
- Motion Source（运动源）：设置被追踪的图层。
- Current Track（当前追踪）：当有多个追踪器时，可以在其下拉列表中指定当前操作的追踪器。
- Track Type（追踪类型）：设置使用的追踪模式，不同的追踪模式可以设置不同的追踪点，并且将不同追踪模式的追踪数据应用到目标图层或目标滤镜的方式也不一样。
- Edit Target（编辑目标）：设置运动数据要应用到的目标对象。
- Options（选项）：设置追踪器的相关选项参数，单击该按钮可以打开 Motion Tracker Options（运动追踪选项）对话框。
- Reset（恢复）：单击该按钮，将把所有参数和设置恢复到默认状态。
- Apply（应用）：单击该按钮，将把计算的数据传递给目标图层，以完成计算的操作。

（2）Track Type（追踪器的类型）

在 Tracker 面板的 Track Type 下拉列表中分别有 Transform、Stabilize、Parallel corner pin、Perspective corner pin 和 Raw 这 5 种类型的追踪器，根据不同的情况和要求，可以选择不同的追踪类型，如图 10-10（b）所示。

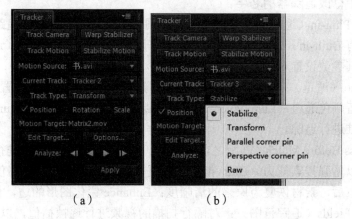

（a）　　　　　　　（b）

图 10-10

● Stabilize（稳定）：通过追踪 Position（位置）、Rotation（旋转）和 Scale（缩放）的值来对源图层进行反向补偿，从而起到稳定源图层的作用。

● Transform（变换）：通过追踪 Position（位置）、Rotation（旋转）和 Scale（缩放）的值将追踪数据应用到其他图层中。

● Parallel corner pin（平行边角固定）：该模式只追踪平面中的倾斜和旋转变化，不具备追踪投诉的功能，也只能将计算结果传递给目标对象。

● Perspective corner pin（透视边角固定）：该模式可以追踪到源图层的倾斜、旋转和透视变化，将计算结果传递给目标对象。

● Raw（自然）：该模式只能追踪源图层的 Position（位置）变化，通过追踪产生的追踪数据不能直接使用 Apply（应用）按钮将追踪数据应用到其他图层中，但是可以通过复制粘贴或表达式的形式将其连接到其他动画属性上。

（3）Motion Tracker Options（运动追踪选项）对话框

在 Tracker 面板中单击 Options（选项）按钮，会弹出 Motion Tracker Options（运动追踪选项）对话框，如图 10-11 所示。

图 10-11

● Track Name（追踪器名字）：设置追踪器的名字，也可以在 Timeline（时间线）窗口中修改追踪器的名字。

● Track Plug-in（追踪插件）：在该下拉列表中选择采用哪一种追踪器。默认情况下只有 Built-in。如果有其他追踪器，可以单击右侧的 Options（选项）按钮，会弹出其参数设置对话框。

● Channel（通道）：设置后续帧中追踪对象的比较方法。RGB 设置追踪影像的红、绿、蓝颜色通道；Luminance 设置在追踪区域比较亮度值；Saturation 以饱和度为基准进行追踪。

● Process Before Match（匹配之前处理）：可以在追踪前对影像进行模糊或锐化处理，以增强搜索能力。Blur 指定追踪进行模糊的像素数，模糊仅用于追踪，追踪结束后，素材恢复为原来的清晰度；Enhance 锐化图形的边，使其便于追踪。

● Track Fields（追踪范围）：对隔行扫描的视频进行逐帧插值，以便于进行追踪。

- Subpixel Positioning（子像素匹配）：将特征区域像素进行细化处理，可以得到更精确的追踪效果，但是会耗费更多的运算时间。
- Adapt Feature On Every Frame（逐帧优化特征区域）：根据前一帧的特征区域来决定当前帧的特征区域，而不是最开始设置的特征区域，这样可以提供追踪精度，但同时也会耗费更多的运算时间。
- If Confidence is Below（如果相似度低于）：当追踪分析的特征区域匹配率低于设置的百分比时，该选项用来设置相应的追踪处理方式，包含 Continue Tracking（继续追踪）、Stop Tracking（停止追踪）、Extrapolate Motion（自动推断运动）和 Adapt Feature（优化特征）4 种方式。

10.2.3　运动追踪实例

1. 位置追踪

位置追踪方式将其他层或者本层中具有位置移动属性的特效参数连接到追踪对象的追踪点上，只有一个追踪区域。

（1）在项目窗口中导入"素材与源文件\Chapter10\Tracker\Position"文件夹下的"魔幻球背景.mov"，按住鼠标左键将其拖动到窗口下方■（创建新合成）按钮上，产生一个 Composition（合成）。

（2）在 Timeline（时间线）窗口中选中"魔幻球背景.mov"图层，右击该图层，在弹出的快捷菜单中选择 Effects（特效）| Knoll Light Factory（Knoll 光线工厂）| Light Factory（光线工厂）命令，为该层添加 Light Factory（光线工厂）特效。

（3）在 Effect Controls（特效控制）面板中单击 Options 按钮，如图 10-12（a）所示，打开 Knoll Light Factory Lens Designer（Knoll 光线工厂镜头设置）对话框，单击 Action &SciFi 下的 Blue Giant 光斑，单击 OK 按钮返回，如图 10-12（b）所示。

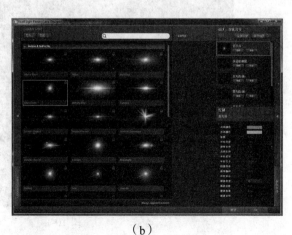

（a）　　　　　　　　　　　　　　（b）

图 10-12

（4）在 Timeline（时间线）窗口中双击"魔幻球背景.mov"图层，打开层窗口。选择菜单中的 Window（窗口）| Tracker（追踪）命令，打开 Tracker Controls（追踪控制）面板。在 Tracker（追踪）面板中，单击 Track Motion 按钮，确定是对画面进行运动追踪，选中 Position（位置）复选框，确定只对对象的位移进行追踪，如图 10-13（a）所示。

（5）单击 Options（选项）按钮，在弹出的 Motion Tracker Options（运动追踪选项）对话框中选择 Luminance（亮度）和 Subpixel Positioning（子像素匹配），如图 10-13（b）所示。

（a）　　　　　　　　　　　　（b）

图 10-13

（6）将时间线指针移动到 0 帧处，将追踪点移动到画面中的亮点处，如图 10-14 所示。在 Tracker 面板中单击 ▶ 按钮开始追踪。

图 10-14

（7）在 Tracker 面板中单击 Edit Target（编辑目标）按钮，选择接受追踪结果的对象，直接把追踪数据应用给特效控制点,如图 10-15(a)所示。回到 Tracker 面板后单击 Apply (应用)按钮,在弹出的对话框中进行设置,如图 10-15(b)所示。具体参数可以参照"素材与源文件\Chapter10\Tracker\Position"文件夹下 Position.aep 源文件。

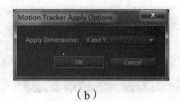

（a）   （b）

图 10-15

2. 位置旋转追踪

(1)在项目窗口中导入"素材与源文件\Chapter10\Tracker\Position & Rotation"文件夹下的 sky.mov 和 sky.jpg,按住鼠标左键将"sky.mov"拖动到窗口下方▣（创建新合成）按钮上,产生一个 Composition（合成）。将 Project（项目）窗口中 sky.mov 拖曳到时间线中两次,如图 10-16 所示。

图 10-16

(2)在 Timeline（时间线）窗口中选中第 1 层的 sky.mov 层,右击该层,在弹出的快捷菜单中选择 Effects（特效）| Color Correction（颜色校正）| Colorama（彩色光）命令,为该层添加 Colorama 特效。在特效控制面板中调整参数,设置 Output Cycle（输出色轮）的颜色为黑白渐变,如图 10-17(a)所示,此时合成窗口效果如图 10-17(b)所示。

（a）   （b）

图 10-17

（3）在时间线窗口中选择第 2 层的 sky.mov 层，设置该层以上层为 Luma Inverted Matte（反转亮度蒙版）sky.mov，关闭第 3 层的 sky.mov 层的显示属性，时间线窗口如图 10-18（a）所示，合成窗口如图 10-18（b）所示。

（a）　　　　　　　　　　　　　　　　（b）

图 10-18

（4）在时间线窗口中右击，在弹出的快捷菜单中选择 New（新建）| Null Object（空物体）命令，新建一个 Null 层。双击第 1 层的 sky.mov 层，打开层预览窗口，选择 Window（窗口）| Tracker（追踪）命令，打开追踪面板，单击 Tracker Motion（追踪运动）按钮，对画面进行运动追踪，如图 10-19（a）所示。在层预览窗口中调整追踪点，如图 10-19（b）所示。

（a）　　　　　　　　　　　　　　　　（b）

图 10-19

（5）单击 Edit Target... 按钮，在弹出的对话框中选择 Null 1 层，如图 10-20（a）所示，单击 Tracker（追踪）面板中的 ▶ 按钮进行追踪，层预览窗口的效果如图 10-20（b）所示。单击 Apply 按钮将追踪的数据应用为 Null 1 层。

（a）　　　　　　　　　　　　　　　　（b）

图 10-20

（6）在项目窗口中将 sky.jpg 文件拖曳到时间线窗口中的第 4 层，设置其 Opacity（不透明度）属性值为 70%，打开最底层 sky.mov 层的显示属性，并设置 sky.jpg 层的 Parent 属性为 Null 1，如图 10-21 所示。

图 10-21

（7）选择上面两个 sky.mov 层，按 Ctrl+Shift+C 组合键，将选中的两个图层重组成一个图层，选择该层并单击该层，在弹出的快捷菜单中选择 Effects（特效）| Matte（蒙版）| Matte Choker（蒙版阻塞）命令，为其添加 Matte Choker 特效，在特效控制面板中调整参数，如图 10-22（a）所示。按数字键盘上的 0 键进行预览，合成窗口效果如图 10-22（b）所示。具体参数可以参照"素材与源文件\Chapter10\Tracker\Position&Rotation"文件夹下 Position&Rotation.aep 源文件。

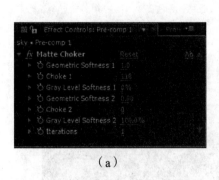

（a）   （b）

图 10-22

3. 透视边角追踪

（1）在项目窗口中导入"素材与源文件\Chapter10\Tracker\Perspective Corner Pin"文件夹下的 matrix.mov 和"书.avi"，按住鼠标左键将"书.avi"拖动到窗口下方 （创建新合成）按钮上，产生一个 Composition（合成）。从项目窗口中拖曳 matrix.mov 至时间线窗口中的"书.avi"层的上方。

（2）双击"书.avi"图层，打开层预览窗口，选择菜单栏中的 Window（窗口）| Tracker（追踪）命令，打开追踪面板，单击 Tracker Motion（追踪运动）按钮，对画面进行运动追踪，单击 Track Type（追踪类型）下拉列表，从中选择 Perspective Corner Pin（透视边角固定），如图 10-23（a）所示。在层预览窗口中定义追踪区域，分别将 4 个追踪区域定义在追踪点上，如图 10-23（b）所示。

（3）在 Tracker（追踪）面板上单击 Options... 按钮，打开 Motion Tracker Options（运动追踪选项）对话框，参数设置如图 10-24（a）所示。

（4）在 Tracker（追踪）面板中单击▶按钮进行追踪，单击 Edit Target... 按钮，在弹出的对话框中选择 matrix.mov 层，如图 10-24（b）所示，单击 Tracker（追踪）面板中的 Apply 按钮将追踪的数据应用到 matrix.mov 层。选择 matrix.mov 层，设置该层的 Scale 属性值为 113%。最终效果如图 10-25 所示。具体参数可以参照"素材与源文件\Chapter10\Tracker\Perspective Corner Pin"文件夹下的 Perspective.aep 源文件。

（a）

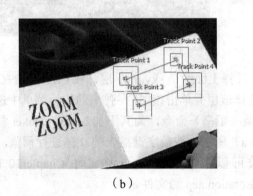
（b）

图 10-23

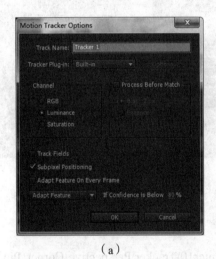
（a）

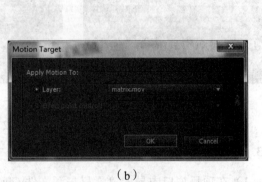
（b）

图 10-24

图 10-25

10.2.4 3D Camera 追踪

（1）在项目窗口中导入"素材与源文件\Chapter10\Tracker\3D Camera Tracker"文件夹下的 clouds.jpg 和"大海.avi"，按住鼠标左键将"大海.avi"拖动到窗口下方 （创建新合成）按钮上，产生一个 Composition（合成），重命名为"跟踪场景"。

（2）选择菜单中 Window（窗口）| Tracker（追踪）命令，打开追踪面板。选择"大海.avi"图层，单击 Tracker 面板中的 Track Camera 按钮，添加 3D Camera Tracker 特效，系统开始对素材进行跟踪运算，如图 10-26（a）所示。等待一段时间后，进入摄像机分析阶段，直至出现很多的跟踪点，如图 10-26（b）所示。

（a）　　　　　　　　　　　　　　　（b）

图 10-26

（3）运算完毕，拖曳时间线查看跟踪点的情况。选取合适的跟踪点并右击，从弹出的快捷菜单中选择 Create Solid and Camera（创建固态层和摄像机）命令，如图 10-27 所示。

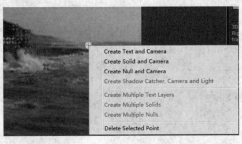

图 10-27

（4）在时间线面板中，可以看到添加的固态层和摄像机，如图 10-28 所示。

图 10-28

（5）拖曳 clouds.jpg 素材到时间线并放置于顶层，打开该层的 3D 开关。在时间线面板中展开 clouds.jpg 图层和固态图层的 Position（位置）属性，复制固态层的位置属性并粘贴到 clouds.jpg 图层，如图 10-29 所示。

图 10-29

（6）调整 clouds.jpg 图层的 Position（位置）属性，再向远处移动，如图 10-30 所示。

图 10-30

（7）调整 clouds.jpg 图层的 Scale（比例）和 Position（位置）属性，准备替换天空部分，如图 10-31 所示。

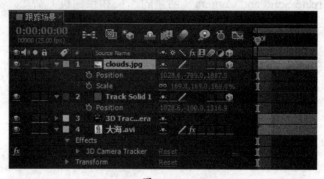

图 10-31

（8）选择 clouds.jpg 图层，选择钢笔工具，绘制遮罩，按两次 M 键展开遮罩属性，设置遮罩的 Mask Feather（遮罩羽化）属性值为 180，如图 10-32 所示。

（9）选择 clouds.jpg 图层，打开 Mask Path（遮罩路径）左侧的关键帧开关，拖曳时间线指针，调整遮罩路径。最终效果如图 10-33 所示。具体参数可以参照"素材与源文件\Chapter10\Tracker\3D Camera Tracker"文件夹下 3D Camera Tracker.aep 源文件。

图 10-32

图 10-33

10.2.5 变形稳定

（1）在项目窗口中导入"素材与源文件\Chapter10\Tracker\Stabilize"文件夹下的
Stabilizer.avi，按住鼠标左键将其拖动到窗口下方 ▧（创建新合成）按钮上，产生一个
Composition（合成）。

（2）右击"Stabilizer.avi"图层，在弹出的快捷菜单中选择 Warp Stabilizer（变形稳定
器）命令，应用稳定器特效。也可以在 Tracker（追踪）面板中直接单击 Warp Stabilizer 按
钮应用变形稳定器特效。

（3）应用变形稳定特效后，Composition（合成）窗口中出现 Analyzing in background
提示，系统开始自动分析影片中的场景信息，这是稳定工作的第一步，如图 10-34（a）所
示。在特效控制面板中会自动应用 Warp Stabilizer 特效，并显示计算进度，如图 10-34（b）
所示。

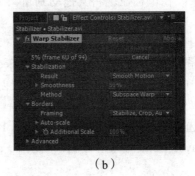

（a）   （b）

图 10-34

（4）场景信息分析完毕后，系统会自动进行第二步，即对画面进行稳定操作，如图 10-35 所示。画面上的橙色条消失后，稳定完成。不需要进行任何设置，完全由系统自动完成。播放影片观看效果，镜头的抖动被消除了。

图 10-35

（5）如果稳定效果不是很好，还可以对 Warp Stabilizer 特效的参数作进一步调整，跟进素材的不同来改善效果。注意：当修改参数后，系统仅重做稳定的第二步。

（6）在 Result（结果）下拉列表框中可以选择如何应用稳定结果。一般情况下都使用 Smooth Motion（光滑运动）选项，不然画面会偏差得厉害。在 Method（方法）栏中可以设定用何种方法来进行稳定。系统提供了 4 种方法，一是 Position：位移画面，二是 Position、Scale、Rotation：移动、缩放、旋转画面，三是 Perspective：改变画面透视关系，四是 Subspace Warp：拉伸像素处理稳定。默认处理方式是 Subspace Warp，抖动比较厉害时，用这种方法处理效果会比较好。Framing（帧）下拉列表框用于设置稳定后如何处理画面。

10.2.6　Mocha 运动追踪

Mocha 是一款独立的 2D 跟踪软件，基于图形独特的 2.5 平面跟踪系统。Mocha 是一个单独的二维跟踪工具软件，具有多种功能，产生二维立体跟踪能力，比起使用传统工具，它提供快 3~4 倍的速度，从而便于建立高品质的影片。

（1）在项目窗口中导入"素材与源文件\Chapter10\Tracker\Mocha"文件夹下的"car.avi"，按住鼠标左键将其拖动到窗口下方的■（创建新合成）按钮上，产生一个 Composition（合成）。

（2）选择图层 car.avi，选择 Animation（动画）| Track in mocha AE（在 mocha 中追踪）菜单命令，系统打开 Mocha，弹出 New Project（新建项目）对话框，显示选择追踪的视频素材，如图 10-36（a）所示，单击 OK 按钮创建一个新项目，进入 Mocha 的工作界面。

（3）将时间线拖曳到第 1 帧，然后选择■（样条线跟踪区工具）在预览窗口中沿着汽车边缘绘制选区形状，右击结束绘制，如图 10-36（b）所示。这时 Mocha 会自动建立一个新层，在 Layer Controls（层控制）面板中双击层名称，将层重命名为 front，如图 10-37 所示。

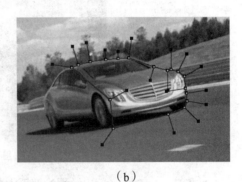

（a） （b）

图 10-36

图 10-37

（4）继续使用样条线跟踪区工具绘制汽车侧面选区，对于绘制不精确的点可以调整，在预览窗口中会显示放大图片细节精确调整位置，如图 10-38 所示，并将其重新命名为 side。

图 10-38

（5）在 Layer Controls（层控制）面板中选择 side 图层，选择 Perspective（透视）参数以确保追踪到 side 图层的透视变化。Translation 和 Rotation、Scale、Shear 是记录运动的基本参数，一般是选中的。

（6）在设置追踪形状跟踪后，由于透视或追踪主体的变化，在不同时间段可能需要对某些区域进行手动更改，这时需要开启自动记录关键帧按钮 **A**。单击视图下方的 Track Forward（向前追踪）按钮 ▶，进行跟踪分析运算，然后可以拖曳时间标尺查看追踪结果，有不满意的地方可以进行手动处理。

（7）在显示控制调板中激活 Mattes（遮罩），在下拉列表中选择 All mattes（所有遮罩），可以预览最终抠像结果，如图 10-39 所示。

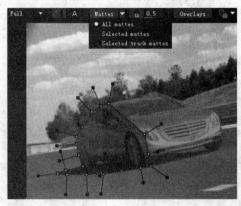

图 10-39

（8）在 Export Data（输出数据）调板中单击 Export Shape Data（输出形状数据）按钮，如图 10-40（a）所示，打开 Export Shape Data 对话框，在 Export（输出）中的 Select layer（选择的层）、All visible layers（所有可见层）、All layers（所有层）中选择 All visible layers，然后单击 Copy to Clipboard（复制到剪贴板）按钮将跟踪数据复制到剪贴板中，如图 10-40（b）所示。

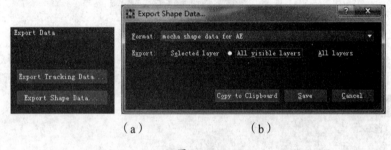

（a）   （b）

图 10-40

（9）切换到 After Effects CS6 的工作界面，选择 car.avi 图层，选择主菜单中 Edit（编辑）| Paste（粘贴）命令，将剪贴板中的追踪数据赋予该图层，然后从项目窗口中拖曳 bg.jpg 素材至 car 合成的 car.avi 图层的下方，并按 Ctrl+Alt+F 组合键将该层放大至和 car 合成的大小一致，最终效果如图 10-41 所示。

图 10-41

10.3 项目实施

10.3.1 导入素材

(1) 首先,启动 After Effects CS6,选择 Edit(编辑)| Preferences(首选项)| Import (导入) 菜单命令,打开 Preferences(首选项)对话框,设置 Still Footage(静态脚本)的 导入长度为 10 秒。

(2) 在 Project(项目)窗口中双击,打开 Import File(导入文件)对话框,选择"素 材与源文件\Chapter 10\Footage"文件夹中的 back.psd、logo.psd、vde.psd、world.psd 和 VDEtext.psd 文件,在 Import Kind(导入类型)下拉列表中选择 Footage 选项,将素材以素 材方式导入。

10.3.2 镜头一制作

(1)在 Project(项目)窗口中的空白处右击,在弹出的快捷菜单中选择 New Composition 命令,在打开的 Composition Settings(合成设置)对话框中进行设置,新建"镜头一"合 成,如图 10-42 所示。

图 10-42

(2)从项目窗口中拖动 back.psd 素材至"镜头一"合成中,在 back.psd 图层上方新建 蓝色固态层(#71BCE5),给该层更名为 blue,从工具栏中选择矩形遮罩在固态层上绘制 矩形遮罩,如图 10-43(a)所示。在 blue 图层的上方新建文字层,输入"10 多媒体 2 班", 文字属性设置如图 10-43(b)所示,按 P 键展开文字层的位置属性,设置属性值为(394,314)。

(3)在属性列名称上右击,在弹出的快捷菜单中选择 Columns(列)| Parent(父层)命 令,展开 Parent 列,如图 10-44(a)所示。设置文字层的父层为 Blue 图层,如图 10-44(b) 所示。

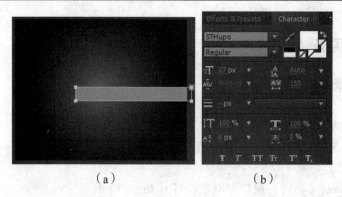

（a） （b）

图 10-43

（a） （b）

图 10-44

（4）选择 Blue 图层，按 P 键展开该层的 Position（位置）属性，移动时间线至 1 秒处，单击 Position（位置）属性左侧的关键帧开关，在此处建立了一个关键帧。移动时间线至 0 秒处，设置 Position（位置）属性值为（800,288），制作左移动画。

（5）在文字层的上方新建白色固态层，更名为 white。从工具栏中选择矩形遮罩并在固态层上绘制矩形遮罩，如图 10-45（a）所示。在 white 图层的上方新建文字图层，输入"影像社"，文字颜色为#004184，其他属性设置同"10 多媒体 2 班"图层。按 P 键展开"影像社"文字层的位置属性，设置属性值为（300,260），如图 10-45（b）所示。

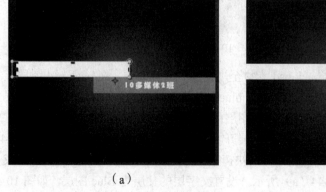
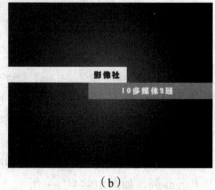

（a） （b）

图 10-45

（6）设置"影像社"文字层的父层为 white 图层。选择 white 图层，按 P 键展开该层的 Position（位置）属性，移动时间线至 1 秒处，单击 Position（位置）属性左侧的关键帧开关，在此处建立了一个关键帧。移动时间线至 0 秒处，设置 Position（位置）属性值为（-55,288），制作右移动画。

（7）从项目窗口中拖动 logo.psd 至"镜头一"合成的最顶层，设置该图层的位置属性为（198,254）。在 back.psd 图层的上方新建白色固态层，更名为 white1。右击 white1 图层，在弹出的快捷菜单中选择 Effects（特效）| Simulation（仿真）| CC Particle World（CC 粒子世界）命令，为该层添加 CC Particle World（CC 粒子世界）特效。

（8）选择 white1 图层，在 Effect Controls（特效控制）面板中设置特效属性：设置 Birth Rate（出生率）为 1.0，Longevity（sec）（生命周期）为 0.41，展开 Producer（发生器）属性，设置 Position X 为-0.23，如图 10-46（a）所示。展开 Physics（物理）属性，设置 Gravity（重力）属性值为 0；展开 Particle（粒子）属性栏，设置 Particle Type（粒子类型）为 Lens Convex，如图 10-46（b）所示。

（a） 　　　　　　　　　　　（b）

图 10-46

（9）右击 white1 图层，在弹出的快捷菜单中选择 Effects（特效）| Stylize（风格化）| Glow（发光）命令，为该层添加 Glow（发光）特效。在 Effect Controls（特效控制）面板中设置特效属性：Glow Threshold（发光阈值）为 35%，Glow Intensity（发光强度）为 1.5，Glow Colors（发光颜色）为 A&B Colors（A&B 色），Color B 的颜色为#78A7FE，参数设置如图 10-47（a）所示，效果如图 10-47（b）所示。

 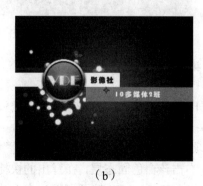

（a） 　　　　　　　　　　　（b）

图 10-47

（10）设置 white 图层和 blue 图层的父层为 logo.psd 图层，打开 logo.psd 图层至 blue 图层之间所有图层的 3D 开关和运动模糊开关，如图 10-48 所示。选择 logo.psd，按 R 键展开该层的 Rotation（旋转）属性，移动时间线至 2 秒处，单击 Z Rotation 属性左侧的关键帧开关，移动时间线至 0:00:02:10 处，设置 Z Rotation 属性值为 0x+90，制作 Z 轴旋转动画，其他几个图层跟随该层一起做旋转动画。

图 10-48

（11）在"镜头一"合成中新建 Camera（摄像机）图层，图层设置如图 10-49 所示。移动时间线至 2 秒处，设置 Point of Interest（兴趣点）属性值为（360,288,0）、Position（位置）属性值为（360,288,-1094.4），并单击这两个属性左侧的关键帧开关。移动时间线至 0:00:02:10 处，设置 Point of Interest（兴趣点）属性值为（360,288,872）、Position（位置）属性值为（360,288,-222.4），制作镜头推进动画。

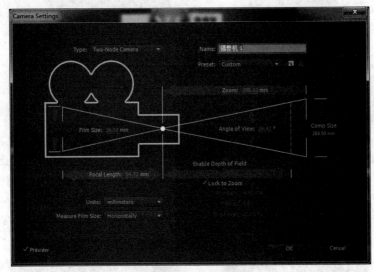

图 10-49

10.3.3　镜头二制作

（1）在 Project（项目）窗口中新建"镜头二"合成，Duration（时长）为 8 秒，其他参数同"镜头一"合成。

（2）从项目窗口中拖动 back.psd 素材至"镜头二"合成中，在 back.psd 图层上方新建白色固态层，右击该白色固态层，在弹出的快捷菜单中选择 Effects（特效）| Simulation（仿真）| CC Particle World（CC 粒子世界）命令，为该层添加 CC Particle World（CC 粒子世

界）特效。

（3）选择白色固态层，在 Effect Controls（特效控制）面板中设置特效属性：设置 Birth Rate（出生率）为 8.3，Longevity（sec）（生命周期）为 3，展开 Producer（发生器）属性，设置 Radius X、Radius Y、Radius Z 为 9.2、19.89、24.31，如图 10-50（a）所示。展开 Physics（物理）属性，设置 Animation（动画）属性值为 Vortex，Velocity（速度）属性值为 0.07，Gravity（重力）属性值为 0；展开 Particle（粒子）属性栏，设置 Particle Type（粒子类型）为 Lens Convex，Birth Size（出生大小）属性值为 0.4，Death Size（消亡大小）为 0.7，如图 10-50（b）所示。

（a）

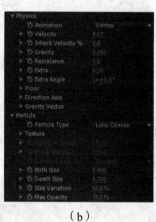

（b）

图 10-50

（4）在白色固态层的上方新建黑色固态图层，右击该黑色固态层，在弹出的快捷菜单中选择 Effects（特效）| Knoll Light Factory（Knoll 光线工厂）| Light Factory（光线工厂）命令，为该层添加 Light Factory（光线工厂）特效。

（5）选择黑色固态层，在 Effect Controls（特效控制）面板中设置特效属性。展开"位置"属性栏，设置"光源位置"为（360,288）。展开"镜头"属性栏，设置"亮度"为 159，设置"比例"为 1，如图 10-51 所示。

图 10-51

（6）在 Effect Controls（特效控制）面板中单击 Light Factory 特效名称右侧的 Options（选项），弹出 Knoll Light Factory Lens Designer（光线工厂镜头设计）窗口，在右侧的 Built-in Elements（内置元素）中单击"条纹"，将"条纹"光线元素添加进来，单击如图 10-52 所示的"条纹"右侧的 Hide all other elements（隐藏其他元素）按钮（图 10-52 中小方框中标注的按钮），隐藏其他元素只显示"条纹"元素。在"控制条纹"面板中设置"条纹"属性："亮度"属性值为 0.56，"长度"属性值为 0.9，"柔和"属性值为 19.01，外部颜色为 RGB（40,110,255），中心颜色为 RGB（74,138,255）。

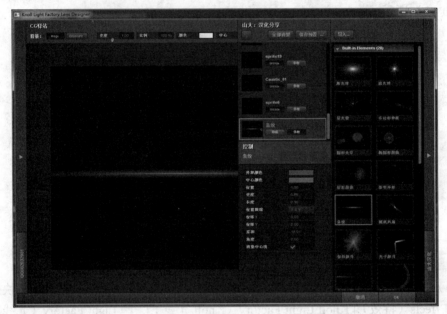

图 10-52

（7）在黑色固态层的上方创建文字图层，输入文字"勇于创新"，文字参数设置如图 10-53（a）所示。选择"勇于创新"文字层，打开该层的 3D 开关 和运动模糊开关 。按 P 键展开该层的 Position（位置）属性，按 Shift+T 快捷键展开 Opacity（不透明度）属性，移动时间线至 0:00:00:17 处，单击 Position、Opacity 属性左侧的关键帧开关，设置属性值为（219,301,-812）和 0%，如图 10-53（b）所示。

（a）

（b）

图 10-53

（8）移动时间线至 1 秒处，设置 Position、Opacity 属性值为（219,301,0）和 100%，如图 10-54 所示，制作缩小显示动画。移动时间线至 2 秒处，为 Opacity 属性建立一个关键帧，移动时间线至 0:00:02:10 处，设置 Opacity 属性值为 0%。

图 10-54

（9）在"勇于创新"文字层上方新建"追求完美"文字图层，文字参数设置同"勇于创新"文字层，该图层的入点为 0:00:01:20；同理，新建"协同合作"文字图层，入点为 0:00:03:15；新建"共创未来"文字图层，入点为 0:00:05:10，打开这 3 个文字图层的 3D 开关和运动模糊开关。

（10）选择"勇于创新"文字层，按 U 键展开该层的设置关键帧动画的属性，移动时间线至 0:00:00:17 处，选择 Position 和 Opacity 属性，按 Ctrl+C 快捷键复制两个属性的关键帧，选择"追求完美"文字图层，移动时间线至 0:00:02:12 处，按 Ctrl+V 快捷键复制这两个属性的关键帧。同理，选择"协同合作"文字图层，移动时间线至 0:00:04:07 处，按 Ctrl+V 快捷键复制这两个属性的关键帧。选择"共创未来"文字图层，移动时间线至 0:00:06:03 处，按 Ctrl+V 快捷键复制这两个属性的关键帧。

10.3.4 定版画面制作

（1）在 Project（项目）窗口中新建 noise 合成，Duration（时长）为 10 秒，其他参数同"镜头一"合成。

（2）在 noise 合成中新建黑色固态层，更名为 Black1，右击该黑色固态层，在弹出的快捷菜单中选择 Effects（特效）| Noise &Grain（杂点&颗粒）| Fractal Noise（分形噪波）命令，为该层添加 Fractal Noise（分形噪波）特效。

（3）选择 Black1 图层，在 Effect Controls（特效控制）面板中设置特效属性：Brightness（亮度）属性值为-31，展开 Transform（变换）属性栏，设置 Scale（大小）属性值为 20，Offset Turbulence（偏移紊流）属性值为（640,360），如图 10-55（a）所示。展开 Sub Setting（子设置）属性栏，设置 Sub Influence（子影响）属性值为 100，Sub Scaling（子大小）属性值为 30，Evolution（衍化）属性值为 0x+98，如图 10-55（b）所示。

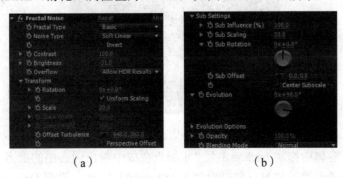

（a）　　　　　　　　　（b）

图 10-55

（4）在 Black1 图层的上方新建黑色固态图层，更名为 Black2，右击该黑色固态层，在弹出的快捷菜单中选择 Effects（特效）|Generate（生成）| Ramp（渐变）命令，为该层添加 Fractal Noise（分形噪波）特效。在 Effect Controls（特效控制）面板中设置特效属性，如图 10-56 所示。

图 10-56

（5）在 Project（项目）窗口中新建"定版"合成，Duration（时长）为 10 秒，其他参数同"镜头一"合成。

（6）从项目窗口中拖动 noise 合成至"定版"合成中，在 noise 图层的上方新建黑色固态层，其中 Width（宽）为 1280，Height（高）为 720。选择黑色固态层，为该层添加 Ramp（渐变）特效，设置特效参数如图 10-57 所示，其中渐变的 End Color（结束颜色）为 #245B86。

图 10-57

（7）在黑色固态层的上方新建粉色固态层（颜色为#9110FF），该层的大小同黑色固态层，右击该层，在弹出的快捷菜单中选择 Effects（特效）| Color Correction（颜色校正）| Hue/Saturation（色相/饱和度）命令，为该层添加 Hue/Saturation（色相/饱和度）特效。在 Effect Controls（特效控制）面板中设置特效属性：Master Hue（主色相）属性值为 0x+303。使用工具栏的椭圆遮罩工具在粉色固态层上创建椭圆遮罩，如图 10-58 所示，按两次 M 键展开 Mask（遮罩）属性，设置 Mask Feather（遮罩羽化）属性值为（273,273）pixels。

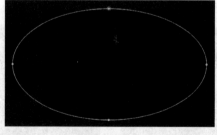

图 10-58

（8）从项目窗口中拖动 back.psd 至"定版"合成中粉色固态层的上方，按 T 键展开该层的 Opacity（不透明度）属性，移动时间线至 0:00:03:22 处，设置 Opacity 属性值为 0%；

移动时间线至 0:00:05:08 处，设置 Opacity 属性值为 100%；移动时间线至 0:00:07:00 处，设置 Opacity 属性值为 82%。

（9）从项目窗口中拖动 vde.psd 至 back.psd 图层的上方，右击该层，在弹出的快捷菜单中选择 Effects（特效）| Simulation（仿真）| Card Dance（卡片跳舞）命令，为该层添加 Card Dance（卡片跳舞）特效。

（10）在 Effect Controls（特效控制）面板中设置 Card Dance 属性：Rows（行）和 Columns（列）值均为 40，Gradient Layer 1（渐变层 1）为 noise；展开 Z Position（Z 轴位置）属性栏，设置 Source（源）为 Intensity 1，Multiplier（乘数）为 100，Offset（偏移）为 140，如图 10-59（a）所示。展开 X Scale（X 轴尺寸）属性栏，设置 Source（源）为 Intensity 1，Multiplier（乘数）为 0.5；展开 Y Scale（Y 轴尺寸）属性栏，设置 Source（源）为 Intensity 1，Multiplier（乘数）为 0.5；展开 Camera Position（摄像机位置）属性栏，设置 Z Rotation 为 0x+100，Z Position 为 10.50，Focal Length（焦距）为 74，如图 10-59（b）所示。

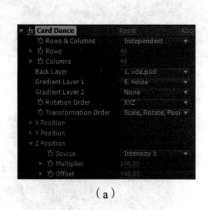
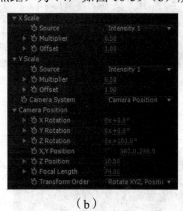

（a）　　　　　　　　　　　　　　　　（b）

图 10-59

（11）移动时间线至 0 秒处，单击 Z Position 下的 Multiplier 和 Offset，X Scale 下的 Multiplier，Y Scale 下的 Multiplier，Camera Position 下的 Z Rotation 和 Z Position 属性左侧的关键帧开关，如图 10-60（a）所示。移动时间线至 6 秒处，设置这些属性值为 0，0，0，0，0x+0.0，2.09，如图 10-60（b）所示。选择所有的关键帧并右击，在弹出的快捷菜单中选择 Keyframe Interpolation（关键帧插值）命令，弹出 Keyframe Interpolation（关键帧插值）对话框，在该对话框中的 Temporal Interpolation（时间插值）下拉列表中选择 Bezier（贝塞尔）。

（12）从项目窗口中拖动 VDE text.psd 至 vde.psd 图层的上方，右击该层，在弹出的快捷菜单中选择 Effects（特效）| Simulation（仿真）| Card Dance（卡片跳舞）命令，为该层添加 Card Dance（卡片跳舞）特效。

（13）在 Effect Controls（特效控制）面板中设置 Card Dance 特效属性：Rows（行）和 Columns（列）值均为 40，Gradient Layer 1（渐变层 1）为 noise；展开 Z Position（Z 轴位置）属性栏，设置 Source（源）为 Intensity 1，Multiplier（乘数）为 100，Offset（偏移）为 152.3，如图 10-61（a）所示。展开 X Scale（X 轴尺寸）属性栏，设置 Source（源）为 Intensity 1，Multiplier（乘数）为 0.5；展开 Y Scale（Y 轴尺寸）属性栏，设置 Source（源）

为 Intensity 1，Multiplier（乘数）为 0.5；展开 Camera Position（摄像机位置）属性栏，设置 Z Rotation 为 0x+100，X,Y Position 为（337.5,288），Z Position 为 10.50，Focal Length（焦距）为 74，如图 10-61（b）所示。

（a）

（b）

图 10-60

（a）

（b）

图 10-61

（14）移动时间线至 0:00:00:14 处，单击 Z Position 下的 Multiplier 和 Offset，X Scale 下的 Multiplier，Y Scale 下的 Multiplier，Camera Position 下的 Z Rotation 和 Z Position 属性左侧的关键帧开关，如图 10-62（a）所示。移动时间线至 0:00:05:14 处，设置这些属性值为 0, 0, 0, 0, 0x+0.0, 2.2，如图 10-62（b）所示。同上，设置这些关键帧的 Temporal Interpolation（时间插值）为 Bezier（贝塞尔）类型。

（15）从项目窗口中拖动 world.psd 至 VDE text.psd 图层的上方，设置该层的入点为 0:00:00:10 处，设置该层的 Position（位置）属性值为（566,338）。选择 VDE text.psd 图层，移动时间线至 0:00:00:14 处，复制该层的 Card Dance 特效；选择 world.psd 图层，移动时间线至 0:00:00:10 处，粘贴该特效。打开 world.psd、VDE text.psd、vde.psd 和 back.psd 图层的运动模糊开关，如图 10-63 所示。

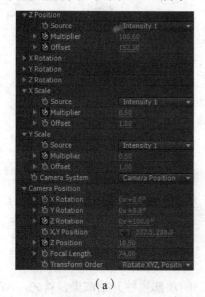

（a）

（b）

图 10-62

图 10-63

（16）在 Project（项目）窗口中新建 final 合成，Duration（时长）为 0:00:20:12，其他参数同"镜头一"合成。从项目窗口中拖动"镜头一"、"镜头二"和"定版"合成至 final 合成中，设置"镜头一"的入点在 0 秒处，设置"镜头二"的入点为 0:00:02:21，设置"定版"的入点为 0:00:10:13。

10.4 项目小结

本项目中又继续学习了不少内置特效和外挂插件，但是相比较 After Effects CS6 的众多特效来说，仍然是九牛一毛，读者要在项目中体会学好特效的使用目标与方法：熟练掌握、多动脑子。只有熟练掌握各种特效，才能对它们的功能了然于胸，这样在制作中才能得心应手，实现需要的效果。

项目 11   渲 染 输 出

11.1   调整渲染顺序

1. 默认的渲染顺序

（1）根据合成图像中的排列顺序进行渲染

对于整个合成图像来说，After Effects 根据层在合成图像中的排列顺序进行渲染，从最底部的层开始渲染。例如，合成图像中包括层 1、2、3，渲染时首先渲染层 3，最后渲染层 1。

（2）层的属性从顶部属性开始渲染

对于每个层来说，After Effects 从出入时间线窗口的顶部属性开始渲染。首先，After Effects 处理 Mask（遮罩）属性，使素材在遮罩外的区域透明；接下来处理 Effects（特效）属性，渲染应用的效果；最后处理 Transform（变换）属性，根据指定的变换属性，将前面处理完成的图像进行变换属性处理。当该层处理完毕，After Effects 将其与下一个层融合。

（3）对于每一项属性根据属性出现的顺序进行渲染

对于每一项属性来说，After Effects 根据作用在属性中出现的顺序进行渲染。例如，对一个层应用了多个特效，则系统依据特效在层中出现的顺序进行渲染。首先渲染最先应用的特效，最后渲染最后应用的特效。

2. 改变渲染顺序

（1）Adjustment（调节层）

由于 After Effects 先对处于底部的层进行渲染，所以可以为应用效果的层建立一个调节层，来改变渲染顺序。系统首先渲染层的变化属性，最后渲染调节层的效果，并应用到层上。如果要调节层只影响下面的某个层，必须将调节层与应用调节层效果的层嵌套或重组。

（2）Transform（变换特效）

After Effects 在 Distort（扭曲）特效夹中提供了 Transform（变换）特效，该特效类似于层的变换属性。使用 Transform（变换）特效可以在特效属性中对层进行如轴心点、位置、旋转、不透明度等属性的调节。

（3）Pre-compose（重组）

利用嵌套或重组是改变层渲染顺序的最有效办法。可以对应用了某项属性的层进行嵌套或重组，然后对嵌套或重组层应用某项属性。

11.2　渲染工作区的设置

制作完成一部影片，最终需要将其渲染，而有些渲染的影片并不一定是整个工作区的影片，有时只需要渲染其中的一部分，这就需要设置渲染工作区。渲染工作区位于 Timeline（时间线）面板中，由 Work Area Start（开始工作区）和 Work Area End（结束工作区）两点控制渲染区域，如图 11-1 所示。

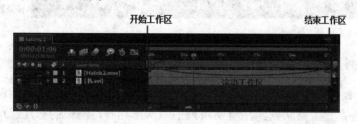

图 11-1

1. 手动调整渲染工作区

手动调整渲染工作区的操作方法很简单，只需要将开始和结束工作区的位置进行调整即可。在 Timeline（时间线）面板中，将鼠标指针放在 Work Area Start（开始工作区）位置或 Work Area End（结束工作区）位置，当指针变成双箭头时按住鼠标左键向左或向右拖动，即可修改开始工作区或结束工作区的位置，如图 11-2 所示。

图 11-2

2. 利用快捷键调整渲染工作区

在 Timeline（时间线）面板中，拖动时间滑块到需要的时间位置，确定开始工作区时间位置，然后按 B 键，即可将开始工作区位置调整到当前位置。

在 Timeline（时间线）面板中，拖动时间滑块到需要的时间位置，确定结束工作区时间位置，然后按 N 键，即可将结束工作区位置调整到当前位置。

11.3　渲染输出

11.3.1　渲染队列对话框

要进行影片的渲染，首先要启动渲染队列面板，在 Project（项目）面板中，选择要进行渲染的合成，然后选择 Composition（合成）| Add To Render Queue（添加到渲染队列）

菜单命令，即可打开渲染队列面板，如图 11-3 所示。

图 11-3

1. 渲染队列

After Effects 在渲染队列对话框中进行渲染和输出设置，在渲染开始前，可以在渲染队列对话框下方查看渲染队列。在渲染队列中依次排列等待渲染的影片。可以拖动影片位置改变渲染顺序。每个待渲染影片显示影片渲染输出的一些信息。

- （标签）：用来为影片设置不同的标签颜色，单击某个影片前面的土黄色色块，可以为标签选择不同的颜色。
- （序号）：对应渲染队列的排序。系统在渲染时，总是依编号属性从位于前列的影片开始渲染，可以拖动待渲染的影片，改变其在渲染队列中的排列顺序。
- Comp Name（合成名称）：显示渲染影片的合成名称。
- Status（状态）：显示影片的渲染状态。一般包括 5 种，Unqueued（不在队列中）表示渲染时忽略该合成，只有选中其前面的☑复选框才可以渲染；User Stopped（用户停止）表示在渲染过程中单击 Stop 按钮即停止渲染；Done（完成）表示已经完成渲染；Rendering（渲染中）表示影片正在渲染中；Queued（队列）表示选中了合成前面的复选框，正在等待渲染影片。

2. 渲染信息

单击渲染队列对话框右上方的 Render 按钮，开始渲染影片。渲染队列对话框下方显示渲染信息。

- Message（信息）：显示渲染影片的任务及当前渲染的影片。
- RAM（内存）：显示当前渲染影片的内存使用量。
- Render Started（开始渲染）：显示开始渲染影片的时间。
- Total Time Elapsed（已用时间）：显示渲染影片已经使用的时间。
- Most Resent Error（更多新错误）：显示出现错误的次数。

3. 渲染进度

进度栏中的黄色区域显示已经渲染的影片内容，黑色区域显示尚未渲染的影片内容。整个进度栏的长度等于渲染影片长度。

11.3.2　渲染设置对话框

在渲染影片前，需要对其渲染与输出设置进行调节以满足最终影片输出要求。After Effects CS6 为影片设置了一些基本模板，单击图 11-4 中的 Render Settings（渲染设置）右侧的下三角按钮弹出下拉列表，打开模板选项，选择相应的模板以供用户使用，如图 11-4 所示。

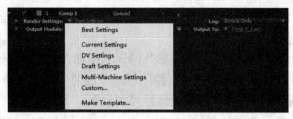

图 11-4

- Best Settings（最好设置）：使用最好的质量进行渲染。
- Current Settings（当前设置）：以当前合成图像的分辨率进行渲染。
- DV Settings（DV 设置）：以 DV 的分辨率和帧数进行渲染。
- Draft Settings（草图设置）：使用草稿级的渲染质量。
- Multi-Machine Settings：联机渲染。
- Custom（自定义）：选择该选项可以打开 Render Settings（渲染设置）对话框。
- Make Template：制作模板。

1. 渲染设置

单击图 11-3 中 Render Queue（渲染队列）面板 Render Settings（渲染设置）右侧的当前渲染设置（如 Best Settings），在弹出的 Render Setting（渲染设置）对话框中可以对渲染相关选项进行自定义设置，如图 11-5 所示。

图 11-5

Render Setting（渲染设置）对话框中主要参数含义如下。

- Quality（质量）：设置渲染影片的输出质量。
- Resolution（分辨率）：决定渲染影片的分辨率设置，一般情况下选择 Full。
- Frame Blending（帧融合）：决定影片的帧融合设置，选择 On for Checked Layer 仅对在时间线窗口中开关面板上使用帧融合的层进行帧融合处理；选择 Off for All Layers 忽略合成图像中的帧融合设置。
- Field Render（场渲染）：设置渲染合成时是否使用场渲染技术。如果渲染非交错场，选择 Off；渲染交错场影片时，选择 Upper Field First（上场优先）或 Lower Field First（下场优先）。
- Motion Blur（运动模糊）：决定影片的运动模糊设置。选择 On for Checked Layer 仅对在时间线窗口中开关面板上使用运动模糊的层进行运动模糊处理；选择 Off for All Layers 忽略合成图像中的运动模糊设置。
- Time Span（时间范围）：决定渲染合成的内容。选择 Length of Comp（合成长度）渲染整个合成。
- Proxy Use（使用代理）：设置影片渲染的代理。包括 Use All Proxies（使用所有代理）、Use Comp Proxies Only（只使用合成项目中的代理）和 Use No Proxies（不使用代理）3 个选项。
- Effects（特效）：设置渲染影片时是否关闭特效。包括 All On（渲染所有特效）、All Off（关闭所有的特效）。
- Solo Switches（独奏开关）：设置渲染影片时是否关闭独奏。
- Guide Layers（辅助层）：设置渲染影片是否关闭所有的辅助层。
- Color Depth（颜色深度）：设置渲染影片的每一个通道颜色深度为多少为色彩深度。包括 8 bit per Channel（8 位每通道）、16 bit per Channel（16 位每通道）、32 bit per Channel（32 位每通道）3 个选项。
- Frame Rate：设置渲染影片的帧速率。选择 Use Comp's Frame Rate 则使用合成设置对话框中指定的帧速率；选择 Use This Frame Rate 则需要输入一个新的帧速率，渲染以该帧速率进行。

2. 定制渲染设置模板

After Effects CS6 可以将用户的自定义设置存储为一个模板，便于经常使用。选择菜单命令 Edit（编辑）| Templates（模板）| Render Settings（渲染设置）或直接在基本模板下拉菜单中（见图 11-4）选择 Make Template（设置模板），打开 Render Setting Templates（渲染定制）对话框，如图 11-6 所示。

在 Defaults（默认设置）栏中，可以选择渲染设置的默认设置。在 Settings（设置）栏中，在 Settings name 下拉列表可以调入已有的渲染模板，单击 New（新建）按钮可以新建一个模板；单击 Edit（编辑）按钮可以对选定的模板进行编辑；单击 Duplicate（复制）按钮可以复制选定的模板；单击 Delete（删除）按钮可以将选定的模板删除。当前模板的设置信息会在下方的信息栏中显示。单击 Save All（存储所有）按钮存储当前定制模板为一个.ars 文件。单击 Load（加载）按钮可以导入存储的模板文件。定制完成的模板，可以在渲染设置的基本模板下拉菜单中得到。

图 11-6

11.3.3　输出设置对话框

After Effects CS6 的输出设置包括对渲染影片的视频和音频输出格式以及压缩方式等的设置。

1.　输出设置

单击图 11-3 中 Render Queue（渲染队列）面板的 Output Modules（输出模块）右侧的当前输出设置（如 Lossless），弹出 Output Module Settings（输出模块设置）对话框，如图 11-7（a）所示。

（1）输出格式设置

- Format：输出格式，指定输出影片文件或序列文件的格式。
- Post-Render Action：激活该选项，系统在渲染完毕后将完成影片导入项目。

（2）Video Output（视频输出）设置

- Format Options：压缩格式设置，单击该按钮将打开当前输出格式选项对话框（如 AVI Options 对话框），在 Video Codec（视频编码）下拉列表中可以选择不同的压缩编码进行压缩，如图 11-7（b）所示。
- Channels：通道选项，用于为输出的影片指定通道。可以不带 Alpha 通道，也可以只渲染 Alpha 通道，还可以选择 RGB+Alpha 方式。
- Depth：深度，指定颜色的深度。
- Color：指定颜色的类型。
- Resize：设置输出的影片的分辨率大小。
- Crop：决定是否修剪边缘及修剪多少像素。

（3）Audio Output（影片输出）设置

Format Options：单击该按钮可以打开相应的音频编码设置。

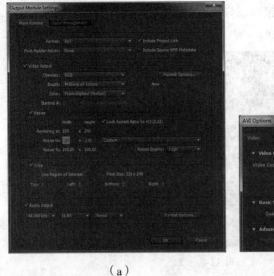

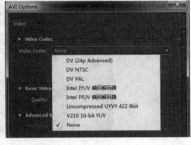

| （a） | （b） |

图 11-7

2. 定制输出设置模板

选择菜单命令 Edit（编辑）| Templates（模板）| Output Settings（输出设置）或直接在 Render Queue（渲染队列）面板中单击 Output Modules（输出模板）右侧的下三角按钮，在弹出的下拉列表中选择 Make Template（设置模板），如图 11-8（a）所示，打开 Output Module Templates（输出定制）对话框，如图 11-8（b）所示。

（a）   （b）

图 11-8

- Movie Default：影片的默认设置。
- Frame Default：单帧的默认设置。
- RAM Preview：内存预览的默认设置。
- Pre-Render Default：渲染前的默认设置。

● Movie Proxy Default：替代影片的默认设置。

在 Settings Name（设置名称）下拉列表中选择已有的输出模板。单击 New（新建）按钮可以新建一个模板。单击 Edit（编辑）按钮可以对选定的模板进行编辑。单击 Duplicate（复制）按钮可以复制选定的模板。单击 Delete（删除）按钮可以删除选定的模板。在其下方是一个信息显示框。编辑完成后，可以单击 Save All（保存所有）按钮将模板存储为一个.ars 文件，单击 Load（加载）按钮可以将存储的模板文件提取出来，最后单击 OK（确定）按钮退出对话框。

11.3.4　输出不同要求的影片

1. 输出单帧图像

（1）打开"素材与源文件\Chapter11\output.aep"素材文件，将时间线拖到需要输出单帧图像的位置，然后选择菜单命令 Composition（合成）| Save Frames As（保存单帧）| File（文件），打开渲染队列面板，如图 11-9 所示。

图 11-9

（2）单击 Output Module（输出模块）后的文字，打开 Output Module Settings（输出模块设置）对话框，如图 11-10 所示，设置 Format（格式）为 JPEG Sequence。

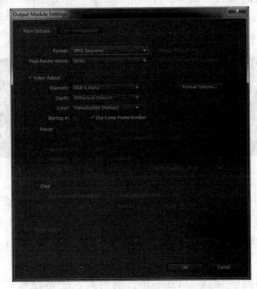

图 11-10

（3）在渲染队列窗口中设置 Output To（输出到）的路径和文件名，单击 Render（渲染）按钮，开始渲染，如图 11-11 所示。

图 11-11

（4）等待渲染结束后，可以看到渲染路径下出现了一个 JPG 格式的图片文件，如图 11-12 所示。

图 11-12

2. 输出序列

（1）打开"素材与源文件\Chapter11\output.aep"素材文件，选择时间线窗口，然后选择菜单命令 Composition（合成）| Add to Render Queue（添加到渲染队列），将合成添加到渲染队列面板中，如图 11-13 所示。

图 11-13

（2）在渲染队列面板中，选择 Output Module（输出模块）后面的选项，在打开的 Output Module Settings（输出模板设置）对话框中设置 Format（格式）为 Targa Sequence，接着在弹出的对话框中选择 Resolution（分辨率）为 24bits/pixel，如图 11-14 所示，单击 OK（确定）按钮。

（3）在渲染队列面板中设置 Output to（输出到）的路径和文件名，然后单击 Render（渲染）按钮，进行渲染。等待渲染结束后，可以看到渲染路径下出现了渲染出的序列文件，如图 11-15 所示。

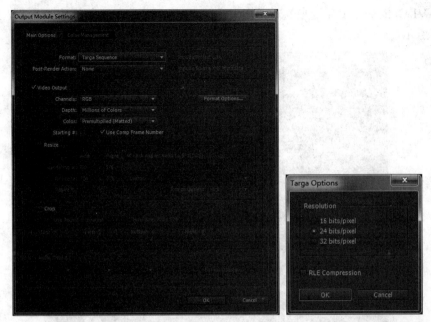

图 11-14

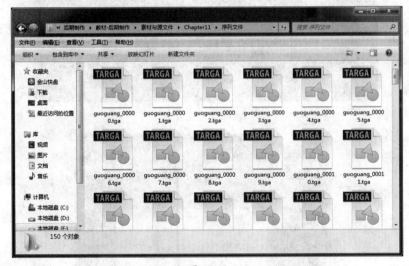

图 11-15

3．输出压缩 AVI 格式视频

（1）打开"素材与源文件\Chapter11\output.aep"素材文件，选择时间线窗口，然后选择菜单命令 Composition（合成）| Add to Render Queue（添加到渲染队列），打开渲染队列面板。

（2）在 Render Queue（渲染队列）面板中，单击 Output Module（输出模块）后面的文字，在弹出的对话框中设置 Format（格式）为 AVI，选中 Resize（缩放）复选框，并设置 Resize To 为 PAL D1/DV，如图 11-16 所示。单击 Format Options（格式选项）按钮，在
弹出的 AVI Options（AVI 选项）对话框中设置 Video Codec（视频编码）为 DV PAL，如
图 11-17 所示。

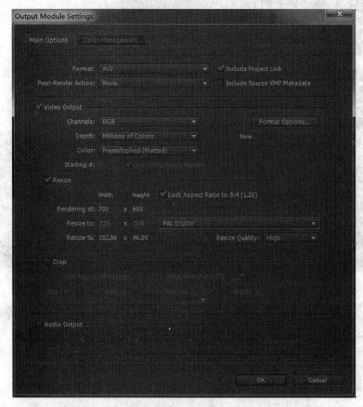

图 11-16

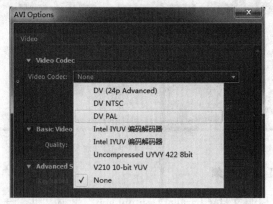

图 11-17

（3）在渲染队列面板中设置 Output to（输出到）的路径和文件名，然后单击 Render
（渲染）按钮，进行渲染。等待渲染结束后，可以看到渲染路径下出现了一个视频文件，
如图 11-18 所示。

图 11-18

4. 输出 SWF 文件

（1）打开"素材与源文件\Chapter11\output.aep"素材文件，选择时间线窗口，然后选择菜单命令 File（文件）| Export（导出）| Adobe Flash Player(SWF)，在弹出的对话框中指定文件名和存储路径后，会弹出 SWF Settings（SWF 设置）对话框，如图 11-19 所示。

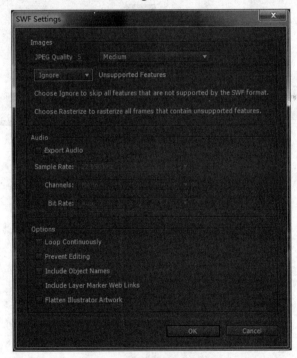

图 11-19

其中参数的含义如下。

● JPEG Quality：在该下拉列表中可以指定 Flash 的压缩质量，Maximum 为最好的压缩质量，Low 为最低。

- Unsupported Features：该选项为对不兼容设置的应对方式。
- Audio：该选项为音频设置。
- Loop Continuously：该选项可以连续重复回放影片。
- Prevent Editing：该选项可以防止导入编辑程序。
- Include Layer Maker Web Links：该选项可以启动 URL 地址功能，能够直接将文件输出到互联网上。
- Flatten Illustrator Artwork：当文件为固态层时，选中该复选框。

（2）渲染完成后可以看到渲染路径下出现了一个 SWF 文件，如图 11-20 所示。

图 11-20